全世界孩子最喜爱的大师趣味科学丛书⑫

趣味动物学

ENTERTAINING ZOOLOGY

〔英〕约翰·亚瑟·汤姆森◎著 尹 丹◎译

中国妇女出版社

图书在版编目（CIP）数据

趣味动物学 ／（英）约翰·亚瑟·汤姆森
(John Arthur Thomson) 著 ；尹丹译． -- 北京 ：中国
妇女出版社，2020.3（2020.3重印）
ISBN 978-7-5127-1786-2

Ⅰ.①趣… Ⅱ.①约… ②尹… Ⅲ.①动物学－普及
读物 Ⅳ.①Q95-49

中国版本图书馆CIP数据核字（2019）第194473号

趣味动物学

作　　者：〔英〕约翰·亚瑟·汤姆森 著 尹 丹 译
责任编辑：王　琳
封面设计：尚世视觉
责任印制：王卫东
出版发行：中国妇女出版社
地　　址：北京市东城区史家胡同甲24号　　　邮政编码：100010
电　　话：（010）65133160（发行部）　　65133161（邮购）
网　　址：www.womenbooks.cn
法律顾问：北京市道可特律师事务所
经　　销：各地新华书店
印　　刷：三河市祥达印刷包装有限公司
开　　本：170×235　1/16
印　　张：16.25
字　　数：208千字
版　　次：2020年3月第1版
印　　次：2020年3月第2次
书　　号：ISBN 978-7-5127-1786-2
定　　价：39.00元

编者的话

　　"全世界孩子最喜爱的大师趣味科学丛书"是一套适合青少年科学学习的优秀读物。丛书包括科普大师别莱利曼、费尔斯曼和博物学家法布尔、动物学家汤姆森的12部经典作品，分别是：《趣味物理学》《趣味物理学（续篇）》《趣味力学》《趣味几何学》《趣味代数学》《趣味天文学》《趣味物理实验》《趣味化学》《趣味魔法数学》《趣味地球化学》《趣味动物学》《趣味星际旅行》。大师们通过巧妙的分析，将高深的科学原理变得简单易懂，让艰涩的科学习题变得妙趣横生，让牛顿、伽利略等科学巨匠不再遥不可及。另外，本丛书对于经典科幻小说的趣味分析，相信一定会让小读者们大吃一惊！

　　由于写作年代的限制，本丛书的内容存在一定的局限性。比如，某些动物的分类、名称等已与现在不同；对一些行为或进化过程的推测，并不符合当代生命科学观点；等等。编辑本丛书时，我们在保持原汁原味的基础上，进行了必要的处理。此外，我们还增加了一些人文、历史知识，希望小读者们在阅读时有更大的收获。

　　在编写的过程中，我们尽了最大的努力，但难免有疏漏，还请读者提出宝贵的意见和建议，以帮助我们完善和改进。

序

　　动物学的研究途径各异，若论起最有效且最容易的途径，恐怕莫过于仔细观察动物的日常生活了。例如，它们怎么解决四大长期存在的问题——觅食、寻偶、地盘和种族延续，而这些问题也正是本书所关注的主题所在。实际上，但凡进入这一领域的人几乎都会对这些动物深表同情，因为动物和人类有诸多相似之处，它们的困难实则也是人类的难题。

　　在生命这一伟大的戏剧中，任何活着的生物都充当着演员的角色，是主角还是配角，与它们的戏份息息相关。显然，人类在这出戏里扮演着十分高明的角色。如果我们把整个世界看作一个变幻莫测的大剧场，那么数万年以来，上演的戏目必然不计其数，且必将一如既往地演下去。不过，相较于整部长长的戏剧，人类观察剧中演员、探究剧本情节所加起来的时长也只是短短一瞬间。

　　本书侧重于讲述动物在野外的生活情况。脊椎动物里的哺乳动物和鸟类是重中之重，无脊椎动物则都粗略介绍。原因不言自明，我们最了解它们，所获取的信息也最为详细确定。从踏入动物研究的这一刻起，我们很快就能明白，如果没有提出生物学的若干基本问题——即便不是最郑重其事地提出，也都是无法继续前行的。我们希望借

1

此表明我们的宗旨：和解剖学以及生理学一样，古老的博物学中有一种训练思维的法则，发展成了现代的生态学，其还具有丰富的分析性的研究方法。当然，除了训练思维的法则外，我们也由衷希望本书能吸引打动读者朋友，和大家一起分享最铭心刻骨的快乐，虽然其内容可能并没有那么深不可测。

约翰·汤姆森

目 录

第十九章　棘皮动物 → 215

第二十章　刺螯动物和海绵动物 → 223

第二十一章　最简单的动物 → 243

第一章
北方的哺乳动物

位于地球最北端的北冰洋，生活在其中的陆地哺乳动物屈指可数，其中只有两种体形较大，其他的都比较渺小。但说来奇怪，诸多大型哺乳动物的发源地都是北极，其中有些甚至是现存体形最大的动物，这其中的奥妙何在？

原来，海里面有很多数不胜数的动植物，看似渺小，可几乎所有其他生物都离不开它们。食物长链上牵涉的生物错综复杂，但归根结底都是依赖与被依赖的关系。

我们以其中一个长食物链为例：

隶属节肢动物门，因外表都有一层比较厚硬的外壳（由几丁质构成），而被称为甲壳动物。

北极熊主食海豹，海豹主食鱼类，鱼类以丰富繁多的 甲壳动物 为生，而甲壳动物的生存则依赖于海面上数以万计的微小动植物。

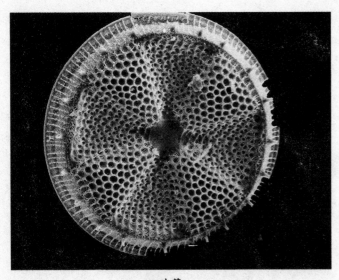

硅藻

因此可以说，海中食物链的第一环就是那些生存能力极强的微小植物。这些绿色植物，如硅藻，无论大小都具有特殊的生存能力——以空气、水及盐等无机物为生。而动物界中几乎没有能跟植物匹敌的，除了极少数小

动物具有 叶绿素 ，没有动物能以无机物为生，因此无机界中取之不尽的丰富养料也就只有植物能够悠然自得地享受了。

有些地方海草长势良好，很多动物（包括海胆）都以此为牧场，加之沉在下面的腐败物质或植物碎屑，海底的烂泥肥沃无比。更重要的是，冰河处的冰山每每崩碎，便会携带许多岩石碎屑落入海底，从而使肥沃的烂泥更为厚实。到了夏天，污浊的冰河还会将很多物质顺带着搬运下来，将陆地的平原冲击成为冲击层，如阿尔卑斯山麓，而那些没有抵达平原的就在北冰洋内沉积为海底的泥土。

既然如此，那么问题来了，为何北方的海水里有如此丰富的微小生物，而整个赤道全部加起来都遥不可及呢？

已去世的默里爵士曾说，只要身边有一艘船、一张捕捞网，那么任谁在北方的海面上都不会活活饿死，因为不费吹灰之力就可以在海里捞到一大网小甲壳动物，供人吃饱绝没有问题。这些看起来微不足道的小甲壳动物营养丰富，它们是虾类的远亲，体内富含油脂，对寒地的人们来说，算得上相当不错的食物了。除此以外，冰冷的海水中还游弋着大批软体动物，海蝶 就是露脊鲸的主要食物。

露脊鲸

当然，还有些其他小浮游物和漂流物对人类而言也极为重要。不说其他，北方渔业的繁荣兴盛就离不开它们的贡献。不过，也不能武断地说是它们造就了海上牧场，因为我们无法忽略那些渺小的绿色植物，如双鞭藻、硅藻等。

那么，又一个问题来了，为什么如硅藻及双鞭藻这样生长于寒冷地域的种类，产量却远胜于温暖水域的种类呢？

很有可能是低温造成生命进程延长，而较长的生命又导致同一片水域里数代并存。相对地，到了温暖的海水里，生命更迭变化加速，较快的新陈代谢导致寿命也较短。因此，在南方，藻类品种丰富，而在北方，各种藻类的数量则比较繁多。

北极熊

北极熊是动物界征服寒冷的最佳代表。它们不惧艰难困苦，从不去往冰原南境，夏季绝大部分时间或栖居在北极的寒冰上，或游弋于辽阔的海面上。到了北风凛冽的冬季，它们便忙于去海岛或大陆的海滨四处搜寻食物。一般情况下，北极熊不会侵扰人类，除非到了饥饿难忍、万般无奈的时候，才会这么做。

1英尺=30.48厘米。

北极熊身长达9 英尺，不仅是它们所属科中体形最大者，而且是彻彻底底的食肉群体。它们需要食用数量庞大的动物以维持生存，但那些动物却都生活在冰冷苦寒的北极区域。

北极熊

海豹

从事实来看，海豹是北极熊的绝佳午餐。生物界向来都有一种奇妙的循环——相依相存而生。北极熊寻找海豹的方式别具一格，似乎并不是使用视觉而是依靠嗅觉，它总是趁其不备灵活地攫住眼前的食物。一次，一头北极熊不声不响地游到一块冰旁，海豹正在冰上怡然自得地晒着太阳。突然，北极熊猛抬起掌用力一击，海豹的头颅顷刻间变得粉碎。

这还不算什么，人们亲眼所见，北极熊拥有一项更为惊人的技能——把海豹直接从水中拎出来。它静静地伏在冰原旁，屏住呼吸等候着海豹送上门来。海豹要到水面上呼吸了，头刚一探出水面，北极熊便敏捷地伸出前掌，把海豹提了出来，摔到冰原上的海豹直接晕厥过去。这一出手不仅果断有力，而且需要极强的耐心和毅力，关键时刻迅速行动绝不含糊，北极熊不愧为老成历练的捕猎者。

北极熊可以不知疲倦地连续游好几公里，它厚厚的皮袄与脂肪功不可没，能使体温一直保持在正常的范围内。此外，它的脚后跟上铺满了厚实的毛，帮助它稳稳地站在冰面上而不至于滑倒。

来自苏格兰的捕鲸者给北极熊取了一个有趣的名字——"棕仙"。之所以取这个名字主要是因为它的毛呈乳黄色，俨然就是冰原上那一块块黄冰。黄冰的形成是微小硅藻与冰混合的结果。布鲁斯博士生前通过北极探险获取了诸多宝贵经验，在他看来，虽然披着黄色外衣的北极熊在一片皑皑冰雪中很是惹人瞩目，但在黄色冰块的掩护下，这件外衣实际上成了一件有效的"隐身衣"。

据他描述：

1码=0.9144米。

当时，一头北极熊就在离甲板100 码 处，然而甲板上的二十个水手都没能看见，只有一个大副偶然瞥见了。虽然近在眼前却仿若不在，只因为它像极了黄冰，难以辨别。

除了人类，北极熊几乎没有敌人。我们不相信那套理论，所谓的黄色之所以存在是为了在关键时刻掩护熊逃离，因而我们不能简单地说黄色是它的保护伞，让它免受敌人伤害。毕竟，黄色相较于雪白的冰原还是很显眼的，看看"棕仙"这个称号不就一清二楚了吗？如果真有利用这么一说的话，那必定还要附加其他解释。其实我们都知道，生活在严寒环境中的热血动物，其最适宜生存的颜色莫过于白色了，原理很简单，白色毛皮可以有效减少动物热量的损耗，而乳黄色的作用仅次于白色。自出生以来，北极熊就全身雪白，且在冬末春季等寒冷季节显得越发白净。

有一件颇为奇怪的事情，新生褐熊颈背长有白毛，呈带状，像极了亚洲太阳熊（也称马来熊）颈下的白领，虽然后者是终生都不会消失的。我们常常把幼时出现长大后便消失的痕迹看作祖先的遗传，那么新生褐熊的白毛是不是也预示着它们祖先的皮毛特征呢？

太阳熊

一直以来都流传着这样一种谬误：北极熊是冬眠者。事实上，北极区域不存在真正的冬眠，在漫长无边的黑夜里，到处都是天寒地冻，无论地上地下。既然无法冬眠，那么熊也就无事可干，除了在冰天或母熊临产时做一个窝。母熊一般于冬季产子，母子俩需要一个临时的住所栖居，因此做窝是必不可少的。当然，它们也不可能长期趴在冰雪中的窝里，因为必须出去找寻食物才能生存下去。

北极熊母爱如山，为了保护子女的安全，它们无所顾忌，从来不会害怕任何危险。我们有时会看到这样一个画面，两三头熊同时待在一起，那便是慈爱的母熊和它日日守护的孩子了。幼熊都会有一个学徒期，期满后母熊才会依依不舍地与它们分离。母熊和公熊都是严格的个人主义者，除了交尾期，它们基本都是分居状态。

北极熊强壮高大，坚实有力，身手敏捷，耐心细致，如狮似牛，胜于猫犬。它是北极勇往直前的探险者，它是寒冷坚韧不拔的征服者，它是严格自律的个人主义者，也是慈爱无私的向善者。让我们一起向北极熊致敬，愿它在北极的环境中生生不息！

海象

海象

一提到北冰洋的特产，除了北极熊，就是海象了。作为与海豹同科的哺乳动物，它体形大过所有海豹，是北极地区颇为奇怪的一种动物。通常而言，我们将海象分为格陵兰海象与太平洋海象，二者之间的差别仅在于体形与体重而已。

纽约动物园的霍纳迪博士曾这样描述：

要说世界上最奇异的动物，太平洋海象绝对可以占一席之地。完全发育、完全长成的雄海象活像一座大肉山，身上皱纹遍布，丑得跟怪物别无二致。不仅如此，它们的生活习惯也非常古怪。

海牛

如此说来，海象算不上可爱动人，不过就外形而言，它也有其他动物无可比拟的优点，如头部较小，触须较多，且肩部宽阔雄壮。因此，每当一群海象突然矗立于海中时，远远看过去感觉庄严肃穆。有时候，它们还会被误认为是美人鱼故事的由来，事实上海牛才是真正的原型。

海象完全长成后身长可达12英尺，重量为2000～3000 磅，皮又厚又粗，上面如长瘤般凹凸不平。幼年海象身上有褐色的短毛，会随着年龄的增长而逐渐脱落，所以待它们成年之后几乎无毛。海象的口鼻可以自由活动，嘴旁还生有又长又厚的刚毛，从位置来看我们相信其一定具有筛子的功能。

1磅约为454克。

海象上颌长有两颗极长的犬牙，也就是长牙，身形壮实的海象一般长牙也相对较长，不过并不粗大。随着年龄渐长，长牙也会逐渐增长，可达3英尺。长牙用处多多，对于海象而言是至关重要的武器。所有动物，即便是力大无比、唯一能攻击海象的北极熊，在见到海象的长牙后也会谨小慎微，因为这些锋利的长牙可以灵活地开展下击、横击或者上击等各种攻击动作。若雄壮的北极熊不幸被挟持了，那后果不堪设想，因为海象会用尽全力把熊浸入水中，直至其溺亡。与此同时，也有人提出不同意见，认为长牙不过是用来辅助海象攀登光滑的冰丘。

但其实，长牙主要还是用来获取丰富食物的。要知道，海象主食文蛤等软体动物，这些软体动物丰富繁多，大多生长在浅水的泥中。为了抓到它们，海象便用起了它的看家本领——长牙。它能够在水中长时间潜伏，一小时都不在话下，当然大部分时候并不需要。为了与庞大的身躯相称，海象的骨架很重，这样的生理结构是为了适应自然，帮助其在海上获得平衡。曾经，人们普遍认为海象只食用软体动物、蟹以及较小的甲壳类动物，但通过检查它胃里残留下来的食物，我们发现它也食用鱼类。看来，海象也和北极熊一样，只要能攫取到，无论什么动物都可以成为它餐桌上的美味。

海象长有脚蹼，前足有趾甲，为了帮助它稳稳地立在光滑的冰面上。足下长着又粗又厚的肉趾。海象的前肢没有肘部，后肢则被一层皮包裹至脚部，全副武装，连尾巴也藏在了里面。显而易见，笨拙的海象若想在陆地上行动必然难上加难，它可不像海豹，可以随意地摆着尾巴前进。但

是，它又比海豹多了一个优点——用后足前进，所以走起来还像那么回事。不过归根结底，它始终离不开水，大海永远是它最牵挂的故乡。

海象开始越来越往北移居，这并不是因为它自身体质奇异才不得不住在北冰洋中，而是因为恐惧连续不断的迫害。

15世纪，苏格兰北部还常见海象的行踪，即便时间稍往后推移，冰洲也还随处可见。但现在，连斯匹次卑尔根岛的北部也极其罕见了。1852年，曾有一支猎队来到该岛，仅几小时就杀死了数百只海象。数量如此之巨，以至于把所有的船只都用上也没能载走一半，大部分海象尸体只能烂在冰冷的海滩上。

现如今，大西洋海象常年居住在格陵兰北部的海冰中，太平洋海象则终年栖居于阿拉斯加沿岸，在白令海峡的各岛间自由自在地游弋。幸而，它们还能在这些遥远的地方不受打扰地自由繁衍生息。据一位美国观察者报告，他曾花费了好些时间在阿拉斯加海边的浮冰群边观察，所经之处"无不是大队大队的海象，不计其数"。

离开海洋来到陆地休息时，海象往往紧贴地面而卧，这样更有利于保暖，但真正要彻底保存体温则依赖于厚实的脂肪。在夏天，海象少有拘束，可以自由活动，且食物优质充足，因此这些厚厚的脂肪大多是在夏季积攒起来的。和其他热血动物类似，一旦需要，它们就可以使肌肉产生更多热量。到了秋天，它们便聚集成堆，整日整日地瘫卧着，不去觅食，而是选择昏昏沉沉地睡下。别的群居哺乳动物大都设有哨兵保卫群体安全，它们没有，但是它们拥有一种无比奇特的守护方法。一头海象会猛地醒来，满脸疑惑地环视四周，几分钟后见无异常情况，就把旁边卧睡的海象推醒，自己又沉睡过去。就这样，旁边的海象"依葫芦画瓢"，一个又一个地推醒身边的沉睡者，循环往复，到最后所有的海象都会醒一次。由于海象会数百头地聚在一起，所以完全不用担心它们会同时睡着。

海象的产子期有两三个月，这时候它们往往居住在陆地上或最接近陆地之处，以更好地获取食物。与海豹不同，它们没有多个妻子，都是成对成对地居住在一起。另外，它们每次也只产一子，即便是数量最少的太平洋海象也没有突破这一定律。确实，刚升级为母亲的雌海象很难保护好两个大婴儿，从幼海象出生之日起它就会一直与之同住，并哺乳其至2岁。

为何养育期如此之长呢？

恐怕是因为海象长牙的发育远不如身躯快，在长牙尚未完全长成时，幼海象很难利用它们的武器去获取食物。

虽然有时候表现得胆小怕事、畏首畏尾，可一旦遭遇危险，母亲们会为了孩子变得凶猛强大，从而最大限度地保护它们。潜水时，母海象会把幼小的孩子妥帖地挟在两前肢之间，露出水面时则把幼海象负在背上。布鲁斯博士在报告中称曾遇见一群母海象向他们的船只游近，数量有百余只，几乎每一只母海象的背上都伏着一头幼海象。不幸被捕的小海象表现得非常恭顺友善，它们爱好嬉戏玩闹，但过不了多久便会死去。已成年的海象一旦被捕，也是无法存活的。

对居住在海滨的因纽特人来说，海象可是宝藏。虽然海豹的肉味道可能更鲜美，海豹的皮也能制作柔软舒适的衣服，但海象也并不是一无是处：

一则其肉可供食用；
二则厚皮可造成雪橇犬的挽具；

三则脂肪能拿来烹饪或点灯；

四则长牙可制成杯子；

五则海象的骨头与筋腱也用处多多。

在陆地上，因纽特人可以轻而易举地杀死海象，但到了海上，他们想坐着皮制的小船去猎取就没那么安全了。海象虽然算不上天性暴戾、好勇斗狠，但出于好奇，它们会成群聚集把小船给围起来。如果杀死几头海象就更会激怒其他同伴了，受到刺激的海象会发疯一样地猛攻独木舟，不出片刻就能一击即中让舟彻底倾覆。海象具备了抵抗因纽特人、鲸叉及小船的能力，其种族才得以保全。在千万被杀死的海象中，充当食物的不过是沧海一粟。尤为不幸的是，除了因纽特人，还有许多人都渴望得到它们的脂肪、厚皮及长牙。那些毫无慈悲怜悯之心的商人为了满足一己私欲，经常随意猎杀数量庞大的海象，导致这种非常奇趣的动物几乎灭绝。幸而，北冰洋中那些人迹罕至的地方给它们留下了一席之地。

北冰洋中其他哺乳动物

北冰洋中海豹众多，作为地道的水中生活者，它们比海象发育更快——后肢向后弯曲至与短尾相连，二者结合形成强有力的推进器。不过，海豹也因此无法在陆上自由便捷地行走，如果贸然行动很可能会遭受灭顶之灾。至于生活状态，上面已经讲过，这里就不再赘述了。

海豹的种类难以计数，鱼类同样种类繁多。只生活在北冰洋的格陵兰鲸体形庞大，身长50～70英尺，但数量越来越少。它们主要以甲壳动物及软体动物为食，捕获后由鲸须边渗过再卷进嘴里。最奇异的当属白鲸，它约10英尺长，全身乳白色，虽然居住在北冰洋的海边，却时不时游到河里去寻觅鱼类，譬如鲑鱼。更有趣的是，白鲸还是变色动物，幼时是黑色，长大后才变成人们通常所见到的白色。

一角鲸

一角鲸与白鲸关系密切，它被水手们称为"一角兽"，也是极地赫赫有名的动物。一角鲸只长有一颗牙，雄鲸牙齿较长，达7～8英尺，呈螺旋形，但也有极少数长有两颗牙齿。相对而言，雌鲸的牙齿纤细幼稚。不过，它们的长牙具体有什么作用，还不清楚。

北极海中还有一种不得不提的哺乳动物——海獭。作为獭科的一员，它是唯一居住在海里的，而它的远亲，那些普通的獭常常生活在小河及河口一带。在海洋动物全盛时期，商业经营及火器尚未侵入远北，海獭数量非常可观，但如今已难得一见了。

海獭

在陆地上，海獭行动迟钝笨拙，可一到了海里，它们便宛如回到了专属领地，可任意驰骋。海獭喜爱浮在水面上躺卧，它们总是成群结队地出现在远离陆地15英里

1英里=1609.344米。

的海中，把后肢及那有蹼的大脚伸得直直的，尤其是在捕完鱼后。有人

13

说，海獭自娱自乐的方式很特别，它们仰卧在海上后，喜欢将昆布球从一只爪抛到另一只爪上，以此为乐。即便是用前臂抱着幼子的母獭也不会放过游乐的机会，且每次一玩就是好几小时。

北方森林中的哺乳动物

在荒地或苔原的南边，长有一片森林。树木主要以松柏科的灌木为主，北部则生长着桦木，但彼此间并无清晰的界限。森林带中零散地分布着若干块苔原，苔原附近也零零星星地散布着几棵树。河流从峡谷穿越而过，峡上落叶松庄严挺立，而散布于四处的桦木显得尤为零落。森林稍往南走便能见到花楸、稠李及赤杨，在松树与桦木之间点缀成趣，此外还能见到落叶树。除此外还有高山森林，但不具有松柏科灌木的特点。

与赤道森林相比，松柏科植物的分布要稀疏一些，树木之间彼此分离，矮树也是疏疏落落，更不用说茂盛的藤蔓了。不过，障碍物倒是很不缺，比如那些七零八落倒在地上的断树。也正因为缺乏葱葱茏茏、密密层层的丛林，所以这里的动物种类明显比不上赤道地区，森林动物的特征也极不突出。其中很大一部分动物几乎完全居住在树上，但它们因为不具备特殊的适应能力，所以也无法彻底离开地面。北方森林里的动物大部分适应能力很强，无论身在何处都可以一如既往地生活，但它们的生存力就没那么好了，选择居住于此的唯一原因就是食物丰富且供给稳定。

由于没有极其充足的植物，一到春夏季节，大草原就成了食草动物的天堂和乐园。当然，也不是说冬季就无食可吃，食物还没有短缺到那种程度。

松柏科森林里雷鸟、松鸡、山鸡以及其他禽类比比皆是。春天来了，它们恣意享用着嫩芽鲜蕊；到了夏天，它们会徒步几英里到达远处被野火焚烧的荒地上，以获取低树及浆果类树上的果子。即便到了深秋时节，这类果子还是可以找得到，杜松的坚果以及可食用的金松子也都可以满足这些禽类生活所需。

雪花漫天纷飞之时，耐寒的鸟们被笼罩在一片暮色中。它们在地上认真做巢，一般冬季伏居在窝里不出，直至次日中午才会扑棱着翅膀出来。如若没有其他可供果腹的食物，它们会选择松针，此时那些枝杈上的雪早已被风吹走了。这些鸟也是有天敌的，不仅小型食肉动物穷追不舍，大型食肉动物也没打算放过它们。幸好那里很少有蛇出没，食卵的哺乳动物也不多，加之它们经常转换地方觅食，可以有效地误导猎人，因此总体而言，森林还是比较令人满意的生活居所。

松柏科森林给很多大型食草动物提供了安乐的栖息之地，也给它们供应了较为充足的食物。鹿科动物尤其如此，作为名副其实的森林动物，驼鹿与北美驯鹿都有异种，体形略大于生活在大草原的驯鹿。旧世界的森林中生活着马拉鹿、马鹿及狍子，在新世界的森林中活跃的则是弗吉尼亚鹿。其中体形最大的当属亚洲驼鹿和加拿大驼鹿，它们也属于鹿科，但更为庞大。

雷鸟

驼鹿

驼鹿外貌丑陋，脖短腿长，上唇凸出而善于攫取食物，大角呈锹形。它完全忍受不了任何吵闹打扰，一旦被包围就只会惊慌失措。因此，耕地还未发展，它就已经消失得无影无踪。不过，斯堪的纳维亚、俄罗斯及西伯利亚地区还保留着驼鹿的种群。它们真的是不折不扣的森林动物，但湿地或沼泽对它们来说与森林几乎没有区别，一样安逸舒服；沼泽地中的一切障碍也都算不了什么，一如在森林中都可以轻而易举地解决。即便在食物严重缺乏的冬季也有供它们果腹的东西，它们还能轻松地从猎人或者其他危险天敌手中脱身，远胜过其他被猎的野生动物。实际上，驼鹿的敌害并不弱小，包括狼、猞猁、熊及狼獾。

难道这些食肉动物在面对驼鹿时不都具有极明显的优势吗？

事实比较复杂。驼鹿是一种强健且勇猛的动物，它的锐蹄尤为可怕，比角更有攻击力，绝对算得上关键核心武器。它也非常懂得物尽其用，将这两种武器运用得炉火纯青。或许它会屈服于熊的凶猛而惨遭杀害，但它也绝对能一蹄把狼踢倒，甚至面对一群这样饥不择食的动物也毫不逊色。

由于身体构造原因（腿长但颈短），驼鹿吃不到靠近地面的草，只能吃些长势较高的草，或者从灌木顶部以及树的低枝上觅些嫩叶。

夏天总是欣喜愉快的，沼泽全部解冻了，每天大部分时间，尤其在晚上，驼鹿都会沉入沼泽的泥水中尽情享用水中鲜嫩的植物。它低下头，去水中挖掘植物的根，鼻管中一边呼哧呼哧地喷出泥水和水汽，声音大到连很远的地方都能听见。然而，一旦沼泽冰冻了，它便只能退回高地，以一些干燥的食物为生。据称，加拿大驼鹿非常聪明，会把它们待的地方用蹄子踏成一处宽阔的"驼鹿场"，作为自己的立足之地，四周的灌木丛则充当了它们的食物，因此即便面对狼的攻击，它们也绝不惧怕。

　　一般而言，食草动物众多之地，食肉动物也必然不会少，比如在欧洲和亚洲的松林地带以及加拿大的森林中，狼群数量就极为可观，但这个数字到底有多大就很难说了。它们似乎漫山遍野，却又没有固定的处所，说不定今天还在某个村攻击牲畜，明天又跑到别处去侵害羊群。它们反复无常，经常会接二连三地光顾某些区域，向牧人挑衅，借故生事，还随意破坏人们拿来对付它们的武器。在松林地带，狼一般不会成群结队地掠食，不过就算只有一只狼也能给牲畜和羊群带来莫大的威胁。

棕熊

　　棕熊是动物界中颇为"孤单"的动物，地位独特。由于既喜食肉也爱吃果，因此它们没有被简单地列入食草动物或食肉动物的类别。只有在交配季节它们才显得不那么孤独，其他时间都是形单影只地游荡在森林内外。棕熊遵循"人不犯我，我不犯人"的原则，只要人类不攻击它们，它们就绝对不会主动去伤害人，只是偶尔会杀死大点的动物来填饱肚子。它们称得上温柔敦厚的动物了，有时候还带点滑稽。布雷姆认为，棕熊之所以温和完全是因为态度冷淡，而说它们滑稽基本上源于那天真可爱、憨态可掬的行走姿态。不过，也千万别被它们闲庭信步的样子给骗了，其实棕熊真在地上行走起来速度一点都不慢，甚至可以跑得飞快。它们后肢较长，有助于上山，但有利也有弊，下山的时候就需要小心翼翼，否则很容易因为失去平

棕熊

衡而摔倒。棕熊还是爬树高手和泅水能手，爪子既尖锐又灵活。总的来说，它们生性谨慎不爱冒险，不似狐与狼那样狡猾奸诈。对于和人类及其他强敌的接触则是能避则避，实在不行它们也会不屈不挠、坚持不懈，用尽全力以赢得胜利。

与其他动物相比较，棕熊一整个夏天的日常生活对人类几乎是无害的。它生活轨迹非常固定，穿行于森林中的路线基本不变，而且时间也掌控得很好，每天都会在同一时间出现在同一地点。

据很多曾追寻过棕熊踪迹的猎人说，通过它们所留下的足迹即可追溯其每日行踪。比如，有时候它们会把蚁巢拆得七零八落，贪婪地吃着又肥又白的虫卵和蚂蚁；有时候它们手掌粘着散落的毛羽，就可知一窝猎鸟已命丧其手。由于河里食物丰富，棕熊在捕鱼时往往只吃头而舍弃鱼身。到了春天，它们会连日奔波，逆流而上，只为紧跟迁徙的鱼群。其他季节，它们则会安心返回森林中，把尚属稚嫩的树推倒以获取些果子吃，要么就从干枯脱落的树皮下寻蛴螬果腹。

此外，它们还会去往新的开拓之地。那里蔓越莓、越橘和覆盆子极为充裕，是饱餐一顿的好地方。开拓地离人类的居住地较近，妇女小孩们往往也常去采浆果，不过棕熊可不会因此退却，它们自有办法。只见棕熊泰然自若地站在那里，嗷鸣几声就把采果者吓跑了，人一走棕熊也自然懒得再去理会。一片惶惶惊恐中，果篮子要么打翻在地，要么就留在原地忘了带走，如此一来，棕熊不费吹灰之力就收获了不少美食。饱餐过后，它们会心满意足地回到森林中小憩一会儿，享受着慵懒温暖的午后时光。睡至傍晚，等能量消耗得差不多，它们就会饿醒。棕熊立马爬上高树四处张望。幸而附近没什么猎人猎犬，倒是不远处金黄的谷粒极具诱惑力。饥肠辘辘的棕熊立马向金灿灿的稻田跑去，一进到田里，它就后腿着地蹲了下来，拽住旁边的稻穗，一棵接着一棵，所经之处无不被摧残毁坏。

蜂蜜是棕熊最爱的食物之一，为此它们会循着蜂蜜的香味四处搜寻蜂巢。农民毕竟还是心存畏惧的，因此早早就做了准备，把蜂巢安放在了高高的树枝上。树干也被他们剥得平整光滑，以防棕熊爬到树上。然而，棕熊可不是那么好对付的，它们对蜂蜜如此热爱怎么能说放弃就放弃呢？再说它们还有一副锋利无比的爪子呢！在爪子的助力下，它们没费太大功夫就爬到了树上，手掌一击，蜂巢就被捅了下来。不过，要想把蜂巢带走可不是那么容易，恼羞成怒的蜜蜂唰的一下就把棕熊围了起来，蜇着熊身上所有能扎的地方。棕熊不得不暂且放下到手的蜂巢，使劲用掌去驱赶，奈何成群的蜜蜂聚集的速度太快，它们只得跑到池沼中，用池中的冷泥摩擦被蜇得肿胀的鼻子，再返回去取蜂蜜。

寒冷的冬季临近时，棕熊已经长得肥硕无比。如果它们愿意大老远跑去南方吃果实的话，估计更是膘肥体壮。一到下雪，它们就会寻个洞窟或找一棵空心树，将里面整理得舒舒服服的，方便睡觉。但能否呼呼大睡，就取决于所积累的脂肪了。棕熊并不是完完全全的冬眠动物，母熊

怀孕之时易疲劳嗜睡，但产后一哺乳幼崽就很容易饿，此时就只得外出寻找食物。

冬季，猎人往往会摸到棕熊休息的地方进行攻击，其实那极其危险，遭到攻击的棕熊会暴跳如雷、神志癫狂，这也是它们最凶狠残暴的时候。本来这个季节植物就少得可怜，但凡能吃到肉，它们都会不顾一切，因此无论什么大型动物都会成为它们的攻击对象。嗜杀成性的棕熊于是变成了"彻头彻尾的食肉动物"。驼鹿和鹿当然可以轻易被它们降伏，田中的马也不是它们的对手，就连关在牛栏中的牛都难逃熊掌。曾经有人亲眼看到一头棕熊用前掌提着一头刚杀死的牛，趾高气扬地走过一条小溪；还有一头棕熊轻松地拖着一头驼鹿走过沼泽地，足足拖了有半英里长。

第二章
树居的
哺乳动物

树懒

树懒

树懒称得上南美森林里最古老的树居哺乳动物了。它们走路的姿势非常奇怪，由于前后足上长着长而有钩的爪，所以它们可以很方便地倒悬在树枝下缓慢前行。更有趣的是，它们休息或者睡觉的时候也保持着这种姿势。但是，一到平地上，它们的爪子就没有用武之地了，显得非常迟钝笨拙，难怪它们那么喜欢树居，不到万不得已绝不下树，简直比猴子更甚。

关于树懒的故事古老而悠长。我们都知道，它们来自远古时代，历经了沧海桑田。它们不仅行动缓慢，连吃东西甚至死亡都异常迟缓。树懒身上长有很多粗大的毛，像极了森林中附生于植物的马骏草，带有不平常的绿色。原来，这种颜色源于一种极细的绿藻，它们依附在树懒的粗毛上，就像长在岩石或者树干上一样自然。举个例子，天气多雨潮湿之时，如果衣服不巧擦到了山毛榉，马上就会沾上绿色的尘屑。

离开树枝来到平地上的树懒占不到一点便宜，还常受人欺负，不过它们几乎没有为此做过改变。奥斯瓦德这样写道：

无论敌人强还是弱，墨西哥的树懒一律采取投降姿态。它任由你摆弄，爪随你提，若你放手，它也跟着放下。即使你恶狠狠地刺它戳它，它也不过象征性地悲叹一声，但这种悲叹可不是特意为你而发，也许它只是想借此哀叹一下尘世的痛苦。如果有条狗追着咬它，或者在它饥饿难耐之时夺去刚赐予它的食物，那它也不会生气，只是慢悠悠地转过头去，过了好一会儿又像是明白了对它的羞辱，发出一种类似于电锯的呼呼声和蜜蜂的嗡嗡声的呼声，声音渐渐升高。

据《河边博物学》（上面的引用来源于该书）描述，树懒发出的叫声，很像"拖着长音颤动的悲欢冷暖，似怪鸥的叫声，又如一条狗看门守户时的哀号"。

树懒两趾、三趾的都有，不独独只有一种，但它们有个共同的特点：嗜爱树叶。墨西哥的两趾树懒专挑含有乳白汁的瓢叶，三趾树懒则钟爱名叫号角树的桑科树叶。原住民往往这

白鼬

样责骂另一个原住民的懒惰："你简直就是号角树上的畜生。"值得一提的是，很多哺乳动物对待食物都非常专一，但也有一些哺乳动物的食谱很丰富，比如白鼬。二者都有优势，前者少了很多饥饿的竞争对象，后者的

布封 (1707～1788)，法国博物学家、作家，著有《自然史》。

不挑食则可以使其在某种食物缺乏时不至于饿死，因为其他食物照样能填饱肚子。

1788年，也就是法国大革命的前一年，法国大博物学家 布封 去世了，这位专家一生都对树懒很感兴趣，但他却误把树懒当作自然造成的错误。"再有个什么缺点，它们在这世上就无法生存了。" 它们如此迟缓、古怪、愚钝、呆笨，但对于树居又表现出了极强的适应力。那灵活完美的踝关节可以在树枝上轻松地旋转绞绕，它们一如往常地背靠树枝行走时，还可以怀抱幼子，真是安稳快乐。

博物学旅行大家贝茨先生的《亚马孙河的博物学家》一书中有段关于树懒的介绍：

去看看那相貌丑陋、默默适应着树荫的奇特物种吧，懒洋洋又似漫不经心地从树枝的这头走到另一头，不可思议极了。但它们的每一次动作不单是表面的懒惰，而是非常谨慎小心。它们不会在握住下一根树枝前冒险松开现有的树枝，如果暂时找不到合适的树枝，那么它们也不会心浮气躁，而是在后腿的支撑下缓缓抬起身体，利用爪子四处探索以寻觅新的去处。

眼镜猴

今加里曼丹岛。

生活在 婆罗洲 、爪哇及菲律宾森林间的娇小眼镜猴同样是树居哺乳动物。它们最为有趣，不仅构造和行为有趣，其与猴类

的关系也非常有意思。它们还独一
无二，既是自己这一属中唯一的种
类，又是这一科中唯一活下来的物
种，看来它们应该是猴类中最低级的
一科了。

眼镜猴

　　人的一个手掌可以同时容纳一只眼
镜猴及其幼子。它们身长约6 英寸 ，尾巴
2~3英寸，毛跟羊毛一般厚，上面呈褐灰色，
到下面依次减淡。两踝骨似蛙足一样长，后腿随之
也很长，这种优势使其极善于跳跃，可从一根竹竿跃
至另一根竹竿。它们身躯纤细灵巧，像极了同样立于
修长后足上的两足跳鼠，尽管两者在解剖上有区别，

1英寸=2.54厘米。

跳鼠

跳鼠身后还带有一根长长的舵尾，蓬松的毛竖立于末端。此外，它还长有一种颇为奇特的器官：垫状物。这些垫状物呈圆形，长在手指和足趾的末端，可以有效地帮助其握持树枝。它们像极了雨蛙趾上附着的吸盘，由此可见，即便毫无关系的生物之间也存在同一化或类似的趋向。

最神奇的当属眼镜猴那又大又圆的眼球了，形状宛如盘子，向前凸出的眼睛在晚上闪着黄色的光。它的头活动自如，就像一盏带有双闪的灯装在粗短的脖子上，能非常灵活地朝着前后左右运动。它嘴部较小，但这作为一种树居动物很正常。欣喜的是，眼镜猴拥有一双可灵活自然活动的手，因为这双手，它的两眼才能生长在正面。不过，据专家介绍，眼镜猴虽然已经具备视觉功能，也可双目并用，但还远未达到立体镜的效果。史密斯教授告诉我们，它看到的物体只能分辨个大概，具体细节是看不到的。毕竟，要做到仔细观察离不开两眼的灵活运动和密切配合。眼镜猴似乎已经意识到了自己的短板，也知道有改进的必要，但目前还是超出了它的能力范围。不过，它已经具备了可以将头极大限度地转动的能力，在身躯靠着树枝的情况下，它几乎可以180度地转动自己的头部往后看。眼镜猴认识到了双目联动彼此协作的迫切性，但无论如何努力，还是达不到旋动限度，也做不到精确的迎合连动。它像猫一样努力转动头部，基本上可以使双目面对所视物体达到同一的距离。眼镜猴习惯于在微光夜色中出行，它准确的视觉对其自身至关重要。在频繁的跳跃中，它攫取食物并衔在嘴里，这就要求即使在微弱的光线里，它双目所及都能准确无误。

眼镜猴白天大部分时间都在树穴内酣睡，但它醒来的时候脾气像火山一样暴躁。晚上，它则会去觅食些昆虫、蜥蜴之类的小动物。眼镜猴行走起来可谓悄无声息，彼此间也很少交流，不过偶尔发出一声尖叫罢了。大多数情况下，它们是一夫一妻制，偶居不离，有时候却只有一个幼猴。幼猴往往能倚靠在母亲的脚上跟随前行。霍斯博士曾惊奇地发现有只小幼猴竟然跟小猫一样被母猴叼在口中。这些小猴生来就是爬树高手，但显然它们更愿意被母亲抱着，母猴们更是乐此不疲。

我们见眼镜猴多觉得有趣迷人，但原住民们看到便会惶恐不安。这是因为那构造奇特、圆睁的双眼，还是因为它们行动带有反常的静默呢？

史密斯教授认为：

> 生活在爪哇与婆罗洲的人似乎把这些猴子当成自己远古灵长类祖先的代表，于是像见了鬼一样，恐惧不已。

但这还是有些匪夷所思，因为动物科学强烈主张眼镜猴是狐猴的直接祖先，二者关系密切，而不像原住民们所担心的那样。

史密斯最近著有一本《人类的进化》，其中列了一张妙趣横生的表格，将跳跃鼩鼱、树鼩鼱、眼镜猴及狨（存活的最原始的猴类之一）的脑做了一次全方位对比。作为一种陆栖动物，跳跃鼩

鼩鼱

鼱的脑较为简单粗劣，由于生活中主要依赖嗅觉，因此其脑部的嗅觉神经所占区域较大，远胜于视觉、听觉、味觉、触觉及准确的运动管理等中心。不过，它的同祖兄弟树鼩鼱在成为树居动物之时就发生了翻天覆地的变化。"居于树上"常被说成是进化过程中跨度最大的一步，例如逐渐解放双手，嘴部变小，眼睛向前靠拢，脑袋不断扩大，视觉、听觉、触觉及技艺的运动等脑区域的复杂程度显著增加。对此，有人反驳道，树

居有 袋目动物 算不上天资聪颖，因为它们的脑部有一个区域的构造方式别具一格，与普通哺乳动物区别很大。反对者认为，很多聪慧伶俐的哺乳动物

代表动物有树袋熊。

并不是树居；但赞同者以猴举例，说猴脑非常有可能超出犬、马及大象的发育。

眼镜猴最为有趣的一点莫过于其脑部各功能区域的此消彼长——视觉区域不断扩大，前脑的嗅觉区域逐渐减小。这在狨身上表现得更为突出，不仅视觉、听觉、触觉及运动的管理等中心在渐渐增大，还有一个名叫前额部的区域也日臻完善，这可是获得用手的技术、立体的视觉、集中精神及视觉的关键部位。若照此路线排列，人类依次高于猴，高于狨，高于眼镜猴，高于树鼩鼱，高于跳跃鼩鼱。

史密斯教授于是得出以下结论：

　　　　在整个人类的智力进化过程中，视觉发育占据着举足轻重的地位。

这不就意味着功能更完善的视觉易于取得成功，清晰明了的视觉更能启发思想使之清晰准确吗？不管怎样，那模样娇小酷似松鼠、鼩鼱和猴的眼镜猴，以其在黑暗中视物清晰的先锋形象为我们提供了诸多有关大脑进化的重要资料。

在美洲森林中，有一种奇趣的树居动物名叫负鼠，与娇小玲珑的树袋鼠同科。树袋鼠类似于在地面活动的大袋鼠，常用自己的皮囊揣着孩子。树袋鼠是头圆尾巴短的树居动物，负鼠与之相比截然不同，它灵活敏捷，机智如老鼠，尾巴长到可以直接绕在树枝上。除了尾巴，负鼠的脚也活动自如，由于大趾长在其他趾的对向，因此它的爪子能稳稳地抓握住树枝，防止掉下去。在寻觅昆虫等主要食物时，负鼠往往是一边背着孩子一边往前爬。不要以为这种姿势会比较危险，其实它们非常安稳。母鼠总是将它们长长的尾巴弯在背上，幼鼠们则会紧紧地把小尾巴缠绕在母亲的长尾上，像皮带一样系得牢牢的。

博物学家哈得孙曾这样描述他所看见的一只大负鼠：

负鼠

负鼠

树袋鼠

29

一只上了年纪的母负鼠体形还不如猫大，但它却背负着11只跟老鼠一般大的幼子。那些小负鼠一一贴在它背上，它仍然可以健步如飞，灵活轻快地爬上高树枝头。负鼠是名副其实的树居动物，大部分时间基本都栖息在树上，除了那巧如手的爪子，它还有弯弯的趾甲、牙齿以及卷曲的长尾。

隔三岔五地，负鼠也会下到地面上来活动活动，它们很聪明，不会莽撞地往外走，而是借着蚂蚁经常行走的路线走出森林。

动物们深知居住在树上是解决生存问题的极佳办法，大树不仅能提供充足新鲜的食物，方便住宿，还很适宜开展各种运动。如果观察同样生活在树上的动物的相同点，那一定能发现很多有趣的地方。譬如，负鼠和变色龙，一个是哺乳动物，一个是爬行动物，二者虽属性相异，之间却存在极为明显的相似之处。一方面，它们都长着长长的、适于缠绕在树枝上的尾巴；另一方面，它们的足都分成对向的两部分，极擅长握持树枝。

据观察，树懒可以利用长臂从一棵树迁到另一棵树上，但前提是两棵树的距离必须非常短才行。可在现实情况下，大多数森林里的树木间距并没有那么接近，往往都有一定的间隙。这也就意味着如果要想转移至另一棵树上，必须先下到地面再爬上去，否则只能另寻他路。因此，有很多不同种类的动物会尝试在树间飞跃。

有一种场景我们并不陌生：飞鸟像飞机一样从高处降落，过了许久都没见其鼓动双翼。这和树上的动物以"降落伞"的形式下降有着异曲同工之妙，都是真正起飞前的预备。松鼠前后肢间有一层薄膜，毛覆盖其上，是一种行之有效的飞行工具。会飞的松鼠种类繁多，最小不过3英寸长。有一种全身褐色的飞松鼠可谓是同类的榜样，它们与普通松鼠类似，只是多了一个"降落伞"。那长长的蓬松的尾巴可助其维持身体平衡，那沿身体两侧从腕部直连足上的薄膜在前后肢伸展时便可成为飞行的翼。飞松鼠无法如一般飞行动物一样鼓动它的翼，但它还是能通过扭动身躯和尾巴稍稍飞行。由于"降落伞"并不是真正的翼，所以决定了它永远无法向上飞，但它会无所畏惧地从高树降落，从树隙飞越而过，虽然停落的地方相对出发点而言要低。

美洲飞松鼠的飞行动作可概述如下：

一只飞松鼠膜翼全张，从高榭木的最高枝上飞冲下来。它的尾巴极力伸展着，从空中倾斜而下，落至50码远的树脚旁边。我们都以为它马上就会落地，结果它反其道而行之，突然间往上飞奔并栖息在树上。过了一会儿，它又开始向上挺进直至树顶，重又从高枝飞落到刚才离开的那棵树的上面。成群的小动物一起欢天喜地地玩着这种跳跃游戏，数目起码有200只。

通过其他观察我们发现，有些动物，如飞狐猴，其膜翼可直达到尾巴的尖端，不用费太大力气就可飞越树木间的空隙。虽不能飞到更高的平面上，但至少可以在空中平飞或稍向上飞。许许多多哺乳动物都有此类降落伞，包括食虫目、啮齿目以及有袋目的动物。

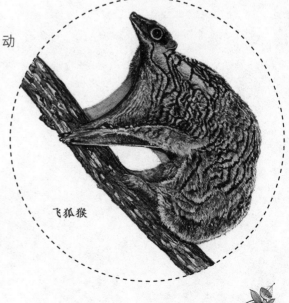

飞狐猴

第三章
空中的
哺乳动物

概述

自然之神一定非常满意蝙蝠的进化，在这之前它们是爬高后从高处飞跃而下攫取食物的食虫动物。它们的起源匪夷所思，本身也是很奇怪的动物——都是将自身倒悬，包裹于双翼间。它们解决飞行问题的方法与鸟纲大相径庭，反倒是极像早已绝迹了的翼龙。作为完全的哺乳动物，它们可以哺乳幼儿，但它们也与绝大多数鸟类一样属于空中动物。这种情形在大自然的造化下比比皆是，例如鲸，呼吸着干燥的空气，却栖息在海洋，并长时间地游弋于水中；又如鸭嘴兽，虽然归类为哺乳动物，却能产卵。蝙蝠也同样是自然"创造之手"下的矛盾体，且极为成功。

蝙蝠（图注）

蝙蝠能够利用现有的身体组织来适应空中的飞行，其反应方法较为复杂，难以解释，但确确实实是一种胜利的冒险。仔细一想便觉妙趣横生。蝙蝠有一种相连的变异，非常奇特，它那丝状的皮膜通过扩张而变成柔软富于弹性的翼膜。这种扩张从颈旁开始沿上肢延伸，绕过大指布满修长的四指，这四指中唯有第一指有钩爪。相对地，皮膜从上肢下面沿身躯两侧连接后肢直至足踝。除皮膜外，还有另外一种膜，其中一半是由帆桁般的骨支撑，从足踝延伸，进而扩张于两后肢，如果有尾巴那么也将一起包裹进去。蝙蝠的翼膜把后股往外引张得格外凸出，膝关节也是向后而非向前，完全不似普通的哺乳动物。这在解剖蝙蝠时又是另一个奇异之处。它的长骨非常轻盈，带有较大的骨髓孔，肩带尤其强健结实，加之隆起的胸骨，极有利于放置发达强壮的肌肉，供飞行时使用。它背上的椎骨并非一动不动，而是可稍微地交互推进，还会随着年龄的增长连接得更为紧密。这一特征在飞鸟身上尤为明显，显然是为了给翼提供坚固的支撑，借以灵活地鼓动翼膀。

蝙蝠无法站立，因为相较于前肢，它的后肢显得异乎寻常的柔弱。虽然它站定时利用大指撑持以求平衡，但一到休息时就普遍保持头向下的姿势，利用双足或一足上的钩爪倒悬。蝙蝠行走往往是借助其既可向前又可向内转动的后肢推动前行，腕上有钩爪的大指还可起辅助作用，支撑其移动。例如，它一般先动一侧的足与大指，接着再动另一侧。《摩西律法》里曾提到"爬行之禽前进依靠四肢"，算得上是蝙蝠的传神刻画。当一只蝙蝠安安静静地趴在四肢上，我们可以观察到它保持着一种颇诡异的姿势：膝关节向上曲折，两肘直接与之相接触。不过，蝙蝠也并不都是倒悬着睡觉，有时候也会直挺挺地躺着。

> 又名《摩西五经》，其内容包括希伯来习俗、宗教戒律及国王敕令，同时也记载了以色列民族的起源和古代以色列民间故事，是最早的希伯来法律汇编。

它们从平地直飞向空中，飞翔的姿势巧妙绝伦。在屋中飞行，它们可迅速而灵敏地避开所有障碍物，无论是极易碰撞的装饰品还是体积庞大的沙发；在空旷处飞行，它们甚至可与飞鸟匹敌，不仅回旋动作速度飞快，隐没神速，而且还可以自如地翻着筋斗，准确无误地捕获飞蛾、蚊蚋及会飞的甲虫，所有动作都在无声无息中进行。有些蝙蝠能一边飞行一边从河

上取饮解渴，但不是所有的蝙蝠都具备同种能力，个体间差异明显。例如，栗色小蝙蝠就没有欧洲产的褐色大蝙蝠忙碌，油蝙蝠比菊头蝠要更飘忽不定。

蝙蝠在巡行侦察过程中，若首次绕回旋的圈子，一般会发出尖锐的叫声，但声音比较轻微，甚至微弱到人难以察觉，比如长耳蝠所发的声音。也有些蝙蝠，如欧洲产大蝙蝠，它们尖叫起来几乎无人不知，东方狐蝠的叫声更是喋喋不休、惊天动地，一点也不输给猴子。

长尾食虫蝠的股间膜（布张在两股间）最为发达，既可助力其在攫取飞蛾时急速回旋，又可作为盛放猎物的口袋。有膜上口袋的种类极稀少，大部分蝙蝠在猎取到虫子后，有些会将头弯向后下方以把猎物抵在股间膜之间，这样在享用时就不必担心掉落了。安全起见，这个时候它们往往会飞得比平时低。食果蝠尾巴要么很小，要么根本没有。

特殊的形体

大部分蝙蝠都生得小巧玲珑，但胸部、肺脏很大，心脏也比较完善，这些对于飞行都很有益处。毋庸置疑，它们和飞鸟相比在进化方向上大不相同，不过也不乏殊途同归的特点，譬如内部中空的横梁式的长骨、合为一体的背椎骨以及胸骨上的隆起部位都是如此。

通过已完成的试验我们知道，即使没有眼睛，蝙蝠也能在屋内自由飞行，可避开横在屋中的绳索，可穿越狭窄蜿蜒的小街，也可于一定距离内察觉靠近的人手。这种极其敏锐的触觉同时存在于身体各处的触点和感觉灵敏的毛上。而每一根机敏的毛都含有神经纤维，且分布广泛，那看似光滑的翼上、嘴的两旁及附有耳屏的小型耳朵上都有。我们可以尝试在被抓的蝙蝠旁发出声音，便会看见其耳翼震动，不过两耳翼的朝向并不一致，这和人类恰好相反。长耳蝠的耳朵出奇大，与身躯不相上下，目前为止，我们还没见过像普通长耳蝠那样的大耳。此外，那鼻叶——看起来像是鼻孔的饰品或至少可以标注鼻孔区域，真不知该如何描述，像马掌、假面具、狒犬脸还是鸢尾？我们只能说它们的的确确是天生的。这可以看作过度发育的案例，其功能尚未确定，也许和灵敏的触觉有关。以目前的研究来看，其中并没有发现什么特别敏锐的神经。

较大的食果蝠尾巴发育不全，有些还没有尾巴，但它们有齿冠平滑或有纵槽的臼齿。在蝙蝠中，爪哇岛的狐蝠体形最大，翼长5英尺，几近达到信天翁翼的一半。小蝙蝠中的大部分都是彻底的食虫动物，但负鼠蝠一科却是混食果类和虫类，有些种类吸食蛙与哺乳动物的血液，有些寄居于海滨的种类甚至还食用蟹与鱼类。凡是食虫的蝙蝠，臼齿的齿冠上都长有如山峰一般的齿尖，适于咀嚼猎物，这点和鼩鼱及其他食虫动物类似。蝙蝠大多在空中完成猎食，时不时也会流连于树枝间，好攫取飞蛾等虫类。偶尔，它还会沿着树枝边走边觅食，捉到猎物后就将其塞到袋子里面——股间膜向下向前而形成，以便之后食用。

蝙蝠如何过冬

当虫类近乎消失时，北方各地的小蝙蝠就开始进入冬眠期。只有少数哺乳动物需要依靠冬眠度过寒冷的冬天。一进入冬眠状态，它们的"血液温度"会随之降低，昏睡后其呼吸很难被察觉，因为心搏会下降，约至每分钟28次。到了夏季，它们的体温（也称血温）虽然恒定，但还是要低于鸟的标准血温。而一到冬季，小蝙蝠们成群结队地悬挂着，血温一般会降低到与周围的环境温度相适应。一想到这些一动不动的冬眠动物，前几个月的夏日还在与褐雨燕等竞相比赛，就觉得不可思议。它们的冬眠之处一般会选择空树中、教堂钟塔的角落、仓库的茅草下或者山洞的裂缝中。

褐雨燕、燕及多数英国鸟则会选择迁徙到"铺满阳光的温暖海边"，虽然与蝙蝠的过冬方法迥然不同，但也算殊途同归。有些蝙蝠也是名副其实的迁徙者。纽芬兰的灰蝙蝠为迁徙至百慕大会飞越600多英里的海面，苏格兰就曾有人捕获过一只。

拿英国的蝙蝠来说，冬眠的深浅不尽相同，主要原因在于种类和地点的不同，譬如在气候温暖的地方，几乎每个月都可看见蝙蝠。

蝙蝠的繁殖

一般的蝙蝠每次只产一子，最多两子，少部分的北美种例外，它们可生三到四子。这其实也是我们乐见的，毕竟作为常在空中活动的哺乳动物，如果母亲责任过于重大会严重妨碍其飞翔。胎前期（在北欧从3月底或4月初至6月）和哺乳期（6月至8月）皆是如此，彼时稚嫩的蝙蝠依靠足趾和大指紧贴着母亲的毛，吮吸着母亲的乳汁，而母蝙蝠依然要在空中绕圈、斜飞、回旋，不会因此改变。即便休息时，它依然要用其翼庇护自己的幼子。大多数时间母蝙蝠都是过群居生活，只有到了秋季才会暂时解散，和雄性同居，因为交配的时间到了。但让人匪夷所思的是，交配虽然都发生在活力四射、精力充沛的秋天，但内部卵细胞的受精却并不急于马上开始，而是延迟至第二年的春天。原来，推延受精可以最大化地避免在饥饿期中孕育胎儿，怀孕时间亦可极大地缩短，自然的力量真是妙不可言。

聪明的蝙蝠

怀特驯养了一只蝙蝠，可以从他手中飞出去。"翼如果长时间不用就很容易僵硬，导致难以张开，而蝙蝠的鼓翼技巧值得仔细观察，每每看见我都觉得欢欣

不已。"贝尔在书中描述过长耳蝠的嬉戏过程，它会悄悄地飞起来，然后熟练敏捷地从主人唇边衔走一片生肉。不过，能和蝙蝠亲密接触的博物学家毕竟是少数，大部分蝙蝠都胆小怯懦、神经敏感，受不了一点刺激，脑发育更是低等落后，几乎不能接受特定的训练。此外，它们还带有难闻的味道，臭气熏天，毛也跟鳞片一样粗糙，一片片的呈环旋形分布，极易藏匿小虫。如若没有以上这两个毛病，长耳蝠大体还是可以相处的，但它们一般都很难接近。

在地上，蝙蝠往往无处施展才华，不过其中大部分都能飞快地爬上树，如食果蝠。它的指上长着锋利的爪钩，利用大拇指上的爪钩可以帮助它紧紧地抓住树皮往上攀登，也能戳刺要吃的果子。说起来这个带爪钩的大拇指是唯一能证明蝙蝠有掌结构的存在了，其余四指早已变成了翼，没有一丝掌的痕迹。某些动物拥有"降落伞"，其所谓的翼不过是身体两侧扩张的皮，蝙蝠就不一样了，它们的翼有骨辅助撑持，还可自如翻转开合，其膜翼就是从那长长的拇指及臂部的各骨上张布而形成的。

第四章
山上的
哺乳动物

山分为原始与蚀成两大类。原始的山的形成要么由地面上的火山熔岩及其他物质堆积而成，要么是地壳皱缩而成，如举世闻名的日本富士山、厄瓜多尔的科多帕希火山、墨西哥的波波卡特佩特火山以及特内里费峰都是其中的代表。而蚀成的山，也可称遗存的山，一般是地势较高地区经风雨磨蚀后遗留下来的，作为高原或者大岩石堆被侵蚀的产物，它们是"侵蚀的纪念碑"。正如英格兰湖区和苏格兰高原等地方，多处都是蚀成的山。无论如何发展与演变，这些山都是动物们赖以生存的栖居之地。当然，还有一点我们不应忽略，植物的类型与岩石的类型息息相关，而植物又会直接影响到动物的兴盛繁衍。

所有名实相符的山都可以划分为三个区域带——森林带、草原带和荒瘠的高海拔地区。树林带位于山的最低处，继而逐渐演变为低原的森林与针叶林。草原带往往没有树木，只有牧草，那些优良的畜牧地一般分布于山坡上。在瑞士的夏天，我们常常看到农夫们辛辛苦苦将牛羊驱赶到山中的狭岗上，因为狭岗上的牧草长势喜人，远胜过其他地方。行至山的最高处就是荒瘠的高海拔地区了，那里只有坚硬耐寒的高山植物能够生存；接着是裸露的岩石，上面稀稀落落分布着地衣；再往上走或许就只有皑皑白雪覆盖。

实际上，我们也可将山上的动物按照这三个区域带加以区分，熊生活在森林带，山羊生活在草原带，土拨鼠则生活在山巅草类稀少处。不过，我们更希望选择另外一种区分山中动物的方法，尤其涉及哺乳纲及鸟纲动物。按照这一方法，我们将山上的动物分为幸存者、迁移者和避难者。

幸存者

异常寒冷的冰河时期，大片土地被冰层覆盖，此时北方及北极地区的动物都会往南方迁徙抵达欧洲的中部。之所以如此明确，是因为我们发现它们的骨骼较完整地保存于山谷的地底。随着气候变暖，冰川逐渐消退，然而部分北方动物没能坚持到这个时候，其他动物，如驯鹿还能北迁到别的山上去。

娇小玲珑的雪鼦就是幸存者的典型代表，它们大都生活在4000英尺以上的地方；还有较低草原带上的寄居者——阿尔卑斯山上嘶鸣的土拨鼠；此外，还有冬天肤白如雪、会变色的野兔和那依季变色，一到冬天就浑身雪白的雷鸟。诸如此类，不一而足。

土拨鼠

这些幸存者发现，原来高山和其祖居的遥远北方或冰山脚下的低处也没有什么不同，既然环境同样适宜生存，也就既来之则安之了。

43

迁移者

第二种则是那些敢于冒险的迁移者，它们不断探索，终于寻找到了新的谋生之地。但凡顽强坚毅的动物永远不会停止对新机会的探索，原因有可能在于它们的生殖过于频繁，从而导致生存空间变小，难以在平地谋生，但更多的例子表明，是敢于冒险的精神激励它们不断追寻。饥饿虽然可怕，如一条锐利的鞭子驱赶着前行，但大部分较高等动物是绝不缺乏好奇心与探索世界的勇气的。

在所有富于冒险精神的迁移者中，首推岩羚羊。起初它们和亚洲草原上的羚羊颇为相似。而可与之相提并论的非印第安高山中的斑羚、落基山的山羊、西藏鸣噪作声的牦牛、阿尔卑斯山中的山羊及喜马拉雅山中的山羊莫属了。每当它们行至高坡，寻觅到牧场时，便意味着获得了暂时的平安。为什么说只是暂时的呢？因为肉食动物紧随其后，譬如雪豹与山狮。这就可以解释为何鹫成为山上的迁移者，它们也是紧跟松鸡和山兔上山的。

牦牛

第三种我们可以称之为饱受压迫的避难者，因低地上动物种类繁多，竞争激烈，这些动物不得不自寻出路避难。本来我们很难清楚地予以划分，但它们特点突出，尤其在求避居之所方面（并非出奇制胜）更是迥异于其他迁移者。

避难者

以非洲、巴勒斯坦及叙利亚的蹄兔为例，作为小型哺乳动物，它们是彻底的"弱者"和失败者。一方面既不是身手敏捷又非头脑聪慧，只有一点谨慎可作优点；另一方面，它们没有任何武器与甲胄，更没有半点掘地而居的本事。为了生存下去，它们有的被迫变成了树居动物，有的迁移到了高达1万英尺的山中。幸好它们有厚实的保暖"外套"，脚也很适合在岩石中往来奔走。

与之类似，庇里尼斯山的麝香鼠也是高山上的避难者，在英国经常能看到这种小型食虫动物。为了使生活更加安定，它们适应了水居、穴居等多种生存环境。从外形上看，这种小动物称得上奇特——身长、尾巴

麝香鼠

约5英寸，它那自如活动的长鼻仿佛就是大象鼻子的雏形。

明白了蹄兔与麝香鼠的迁移特点，我们自然也就懂得阿尔卑斯山的鼩鼱、西藏的鼩鼱、喜马拉雅山的鼩鼱及其他动物被称为避难者的缘由了。

其实，鸟类也属于这一类，像鹪鸠或河鸟等都非常钟爱峡谷。

动物们是如何适应山中严寒、裸露、荒芜而又险峻的艰苦环境的？

它们或者身披厚厚的可抵御寒冷的外套，如岩羚羊；或者长有茂盛浓密的羽毛，如雷鸟。此外，兔与雷鸟等动物的毛还有变色的功能，一到冬天就会变成白色，既可以有效维持宝贵的体温，还能轻松避开敌人耳目。相较于不擅长攀高的表姊妹柳鸡，雷鸟心脏更加强健，这可是跋涉山峰的有利装备。在暴露无遮挡的地方，警号极为必要，比如土拨鼠的嘶鸣声。还有，像岩羚羊和蹄兔那样能够在岩石中拥有坚实的立足之处，也是十分可贵的。此外，如果能不挑食物，那就可以更好地顺应环境了，熊能吃粗糠，山兔可食石上地衣，都是顺应的最好例证。

蹄兔

第五章
沙漠与平原中的哺乳动物

骆驼

骆驼

提到沙漠，那么就不能不提骆驼，它确确实实是沙漠中独具特色的守护者。由于极适宜沙漠生活，骆驼还被称为沙漠里的"绝对王者"。它有着宽大的脚掌和灵便的大腿，行走速度很快，即便以每小时10英里的速度日行150英里，连走四天也不会觉得吃力，仍旧怡然自得。骆驼的蹄已几乎退化到和指甲相似，其中两趾（第二与第四趾）生有弹簧褥般的肉垫，可以帮助它稳稳地踏在地面上，是行走沙漠必不可少的利器。另外，骆驼胫骨的下端（即前肢的两掌骨与后肢的两跗骨的连接处）已分离，变成了两个圆球，这样就没了隆起部，避免限制足趾向旁运动。在如此巧妙的构造下，两趾可以自由向旁边展开，从而变为扁阔式的足，使得负载不轻的骆驼免于深陷茫茫的沙海中。

双峰驼有两个驼峰，单峰驼只有一个。所谓的峰驼也就是背上隆起像山峰状的部分，里面储存了大量胶质的脂肪，这些预先贮存的食物可供维持其在沙漠的正常行动。饥渴交加之时，神奇的驼峰就会失去往日的风采，软绵绵地垂到一旁。因此，当我们看到驼峰变得很低时，意味着骆驼到了最狼狈不堪的时候。另外值得一提的是，它胃壁中的储水袋，其中储存了约800个小囊的水，每一个都具有收缩自如的肌肉。每当骆驼饮水或者胃中存有水汁，小囊便会立刻充满水。

如果缺水了，那么骆驼此前预存的汁液便可随即输入胃中，对其贫瘠的血液也可起到一定的作用。

还应注意的是，骆驼咀嚼反刍食物与麑鹿类似，它胃中没有寻常的四宝，仅有三宝，而第三宝就是牛羊的"重瓣胃"。粗硬的草料是骆驼的主要食料来源，臼齿因有宽阔的咀嚼面，所以非常适于磨碎食物。

沙漠中环境复杂，瞬息万变，为此骆驼采取了诸多方法予以应对。它的头总是昂得高高的，这样眼睛就能避免被地上的反射物灼伤；它的睫毛长长的，飞尘很难乘虚而入；它的耳中长满了毛，飞沙一来即可紧闭以保护自己；它高瞻远瞩，能察觉到距离很远的水源所在地。此外，它的膝部与胸部具有厚厚的皮和胼胝，是吃苦耐劳的典型。

我们经常会读到这类故事：

100头负重的骆驼在沙漠中旅行，整整13天都无水可饮。

格里高莱教授也举了一个例子：

澳洲某个地方驯养了几头骆驼，在不到34天的时间里走了537英里远，即便如此长的旅途也未曾饮用过一滴水。

不过，我们也不必将其视为天大的奇迹，毕竟骆驼除了靠饮水补充水分外，还能采食植物并从中获取液汁。

属于地质年代的一个分类，距今约5300万年～3650万年。

属于地质年代的一个分类，距今约3650万年～2300万年。

属于地质年代的一个分类，距今约2300万年～530万年。

骆驼的种族起源于数百万年前的始新世，从北美洲发端。最初的骆驼很矮小，我们称为原始驼。这种与北美的大兔子一般大的原始驼有四趾。几百万年后，也就是渐新世时期，另一种驼的先祖出现了，它的体形可与羊匹敌，与此同时每肢上的第二趾和第五趾消失了。到了中新世，一种略大于现代骆马的两趾原驼横空出世。追溯起来，骆马还是骆驼的近亲，亦被称为美洲驼。冰河时期，骆驼成群结队越过白令海峡，浩浩荡荡地往欧洲奔去，自此北美洲再无活的代表者，留下来的也不过是类似骆驼的物种。即便如此，还是有部分美洲人民无所顾忌地表示，根本不相信

骆马

什么进化。双峰驼是草原上赫赫有名的动物，它的毛比较粗，足部坚实，但腿非常短。作为游牧民族价值极高的家畜，它依然处于争执的中心。比如，真实存在的野驼群到底是不是野生的？西班牙的驼群是从家畜转化过来的吗？有人认为野驼群可能确实是家养驼的后裔。随着气候变化，人类的居住地或城市在飓风或挟有沙石的暴风中毁灭了，家养驼便成了野生驼。不管怎样，它们在草原上已经可以做到随遇而安了。与阿拉伯的骆驼不同，它们耐得了风刀霜剑，轻轻松松就能走到山石岩的地方。即便无甚可食，它们也能吃含盐的牧草，甚至喝黑色的水，此时背上的双峰也可充分发挥储存功能，以备不时之需。

高鼻羚羊

受气候影响，干燥的草原往往没有多草的平原那么盛产动物，但草原也有其他地方没有的特产有蹄目。不同寻常的高鼻羚羊游行于茫茫草原上，成百上千。它们与鹿大小相仿，尾巴较短，毛带有些黄色，一到冬天就会逐渐变淡，其中雄羚羊的角有棱。

说起高鼻羚羊，最奇特的莫过于那长而庞大的鼻子，鼻孔尤其怪，不仅两孔巨大，还距离很远。在品性与习惯方面，它与其他

高鼻羚羊

羚羊大致相像，但外表及其身上的毛却酷似绵羊。

草原上可藏匿之处屈指可数，饥荒与旱荒也常常不期而至，因此高鼻羚羊为了保命，会像草原上的猛兽一样飞速行走。不过，由于力量不够长久，通常轻易便能被人类骑马赶上。

野马

野马与野驴可谓是亚洲草原上的一道风景，是最有意思的有蹄目了。野马与家马大同小异，野驴源自西藏高原，它们这三种动物习性大体相同。

野驴

到了夏天，一群群的母马（10匹或15匹）和小马驹由一匹强壮的公马带领着前行。其他已接近成熟期的雄马则不得随意加入，它们只能孤独地游走在草原上，直至长成。于是，形单影只的雄马每每寂寞地立在小丘上，连续几小时一动不动，殷切期盼着母马群的到来。一旦马群出现，它就立刻飞奔过去与领队的雄马一决高下。领队者自然也毫不迟疑积极应战。雄马间的斗争可不是闹着玩的，不仅凶狠残酷且每次都是持久战，而此时的母马群一般都是不动声色，保持中立。假如挑战者大获全胜，它们便会改换领队。当然，新上任的领队并不会有多大改变，它和前任一样专制。

野马体形较大，在草原上几无藏身之处，为此它们亟须坚强雄厚的力量与灵巧而敏捷的身手，速度更是必不可少。灌木丛里可能时刻藏着饥肠辘辘的饿狼，幸而雄马力量不可小觑，一匹就率领得了一群母马，也足够抵挡一头，甚至几头狼的进攻。但那些身形弱小以及未成年的幼马就难逃狼爪了。不过，一般情况下它们也不会乖乖就范，一旦狼靠近，那敏锐的感觉就会让它们警醒起来。

逃得过天敌却未必逃得过人类，很早以前游牧人便以猎取野马为乐了。在人类眼中，野马骄傲不屈，分外迷人。在被敌人追赶的时候，它们往往会先带着新鲜感注视一会儿再跑。如果是马群集体撤退，它们也不会杂乱无章，而是井井有条，听从领队者的命令，整齐有序地疾驰而去。通常它们在奔驰时不会达到最快的速度，时不时还需等待小马跟上来，因此只有在被人类骑手围攻时，才会竭尽全力往外突围。

草原上，繁密茂盛是短暂的，萧疏枯败才是常态。雨降雪融的春天是仅有的繁荣丰盛的季节。干燥炎热的夏天总是来得飞快，此时万物枯萎。到了秋天，一切有所好转，至少植物的子、果、枯草等食料已经足够野马享用了。但过了霜降，池水、湖水纷纷冰冻，饮水变得格外困难，于是野

53

马开始成群集结。它们不是去往相对温暖的南方，而是选择一路向北行至雪花纷飞之地。到了那里，它们用蹄子把冰踢开以寻水觅食。冬天向来物资匮乏，一群群野马都备尝艰难，面带饥容。虽说它们都极能耐霜熬寒，但如果融雪冻结速度过快导致其无法破开冰块，那么到最后也只能命丧黄泉，成为狼的口粮。躲过一劫的野马是非常勇敢而坚毅的，稍作调整它们就能重新振作，焕发往日的神采。黑暗的日子终将过去，光明的日子即将到来。它们也将欢呼雀跃地回到春天牧场的怀抱，像从前一样分散开来，成群地享受着美味的食粮。

第六章
水中的
哺乳动物

海豚

毫无疑问，两栖类是最先适应陆地生活的脊椎动物，当时正值泥盆纪与石炭纪。爬行纲由古代的两栖纲进化而来，鸟纲与哺乳纲则由陆上的爬行纲进化而来。但难以隐藏的陆上生活没那么容易，所以很多陆地动物为了在异常激烈的竞争中求得生存，纷纷另择他处，变成了树居者、穴居者、飞行者，有些干脆重回海里。以海豚为例，它们本来已成为陆上动物的后代，结果又返回水中，继承了其祖先的水居习性。

世界知名的生理学家桑德森教授曾表示，如果谁因为看到某个美丽迷人的动物而感到由衷的欢喜，那么所表露的情感通常也包含对其适应栖息地及生活习性的赞美。这句至理名言完全可以应用于鼠海豚及海豚。我们在观察它们或者别的游水目（似鲸的哺乳动物）游泳时，往往沉醉于那和谐优美的游泳动作和漂亮迷人的身体曲线。然而在这样的观察过程中，我们已经自然而然地将它们当成大自然与生俱来的适应者。

水中的哺乳动物的身体形状非常特别，和快艇的船体一样可以迅速分水。皮肤光滑没有鳞片，耳郭亦完全退化，前肢也变成了平衡用的鳍。它的尾巴呈扁平状，像推进器一般可以自如地扫水，唯独不能转圈。可以说，在它们身上，毛的痕迹已消失殆尽，而为了保持体温，厚厚的脂肪成了替代品，还能让它们游水时更加方便。它们鼻孔的构造也很有趣，比如，有些齿鲸的两个鼻孔已经连通，变成了一个通风孔，占据着头顶中央的位置，帮助其在水上呼吸。此外，它们的鼻孔中长有活瓣，这样即便在水下运动，鼻孔中也不会进水。

至于颈部，基本上已短到不能再短了，因此潜水至五六英尺以上的深度没有任何问题。血管则非常发达，纵横交错。有观点认为，海豚是为了久居水下才储藏了充分多氧化的血液。海中哺乳相对困难，它们就让幼子一次性吸饱乳汁。位于气管之上的喉部也发生了变化，往前迁移至与鼻孔下面的孔相衔接，这样鼻孔与肺脏就完全连通了，任凭它们如何捕获吞噬鱼类，水都不会突然冲入气管影响呼吸。

鼠海豚在游水目动物中平凡无奇，在英国，人们常常能见到在水中欢欣跳跃的它们。鼠海豚的运动姿态堪称绰约多姿，当它们并排游泳时，就可以看到一个个间距相同的背峰矗立于水面，酷似一条海蛇。鼠海豚猎食颇有规律，每隔半分钟一定会浮上水面，而我们首先见到的就是它的吻与头，接着是背的中部及背上的鳍，最后则是尾叶。就这样，一过半分钟，吻便再次出现，如此循环往复。鼠海豚行进几乎完

鼠海豚

全依靠推进器曲折的推力，鳍大多紧贴于身体的两旁，一般只起平衡作用，偶尔会作制动机使用。方才对于鼠海豚运动的赞赏其实远远不够，它

们三五成群结队嬉闹时欢乐无比，上下翻腾来回跳跃，比平常更惊险刺激。

鼠海豚产自地中海至大西洋之间，离海滨较近，是克莱德河等峡江或海沟中司空见惯的动物。当然，它那介于暗泣与嗟叹间的声音也是人们耳熟能详的。这种声音每在黄昏时响起，提醒你正有一头鼠海豚在不远的地方。不过，它呼气可不比较大的鲸，能把水都冲起来。

大体而言，鼠海豚主食鱼类，尤爱鲱鱼与青花鱼，因此青花鱼群集之地往往也是鼠海豚的聚集之处。有时候它们会游到海岸边，寻觅幼鳕等。由于嗜吃鲑鱼，它们甚至还会随鲑鱼深入内河。伦敦桥附近经常可以觅得它们的踪迹，有一次竟然有人在巴黎捕获了一只鼠海豚。它们的牙齿虽然不像海豚有尖锐的锥，但也极适合捕鱼，有铲形的齿冠，并且上下颌各有26颗齿之多。

绝大多数情况下，鼠海豚每次只生一子，一方面因为水中哺乳并不方便，另一方面也是因为它们的牙齿寿命很长，所以即便只生育一子，这个种族也足够延续下去。它们的怀孕期和高等哺乳动物一样漫长，需要怀孕将近10个月后才能生产。慈爱的母亲在爱护幼儿上是不遗余力的，而且还是长期保护。

米莱在其著作《英国的哺乳动物》中写道：

一次，两只鼠海豚游到了船旁边，有人看见后就捕获了其中一只，将它放在船上，不过并没有当即杀死。奇怪的是，另一只不但没有迅速逃离，反倒继续傍着船往前游。几分钟后，船上的人把捕到船上的那只投入水中，结果两只鼠海豚立刻结伴游走了。我们无法确定那只被捕获的鼠海豚是否是另一只忠心陪伴者的孩子，假若不是，那就只能归为对

同类极大的同情心了。

与其他游水目一样，母鼠海豚是在大海中生产幼子的。海豹则正好相反，它们是在陆地上产子。也正因为如此，当幼鼠海豚可以在水中四处泅游时，小海豹们只能待在岸上养育，若一不小心掉入水中，还会被淹死。如此对比鲜明，也充分说明了鼠海豚及其亲属所过的水居生活历时长久多了。其他方面亦可佐证，例如游水目后肢几乎没有任何体外痕迹，而海豹的后肢就算没有支撑作用却依然发达。同为陆上哺乳动物的水居子孙，海豹的祖先是陆上的肉食动物，至于鼠海豚的祖先，那就是个谜了。但无论如何，二者的追求趋势相同——寻求征服新世界，寻找另一片安居乐土。

根据目前已知的事实，动物学家尚无法对鼠海豚有一个全面细致的认识，至于其内部生活也是知之甚少。不过，我们至少知道它们聪明智慧、尽兴嬉戏，是相亲相爱的群居动物，生活成功也归功于此。

一般的鲸

鲸无论构造还是习惯都饶有趣味，极其适宜完全的水居生活。如若从历史进化过程的角度予以研究，还是颇有一番趣味的。据称，大蠵龟虽然生活在海里，但其祖先实际上是一种久居于陆地的龟。鲸也是如此，很久以前它们本是陆居的哺乳动物，之后才居于海中。因此，且让我们从历史进化过程的角度来对它们进行研究。

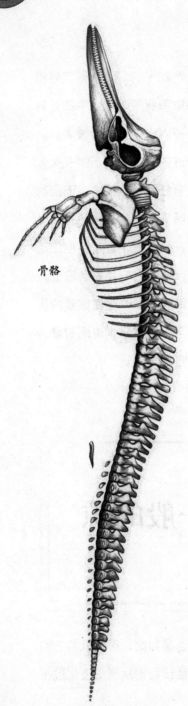

骨骼

　　鲸肉的最深处依然余留着髋骨和后肢的轻微痕迹。不过，这些号称是骨骼的退化碎片几无用处。我们需要知道，它们虽然常常被称为器官的雏形，但从本质上说它们并非构造的开端，也不会随着发育而变得有效，而仅是在退化中即将消失的余痕。如果说一头长达30英尺的鲸，大腿骨却比不过我们的手长，这不是很奇怪吗？就拿早已灭绝的爬行动物载域龙来说，它的大腿骨竟然有6英尺长，与鲸真是天壤之别。那么对于深埋水下毫无用处的后肢，鲸又如何处理呢？答案很简单，祖先陆居时后肢大而能用，入水后随着时间的推移便演化成了退化的遗物。鲸的尾巴成了摆设——一个"无法旋转"的推进器，鳍则担任了桨的角色。

　　与鲸不同，海豹是典型的食肉目，它不使用后足站立，但也并不意味着退化，因为它们变成了主要的"推进器"。海豹的后足位于短尾两侧，它的尾巴与鲸尾不一样，后者是有"叶片"的。虽然如此，有一点还是相同的，二者游泳时均是将身体后面的水拍向一旁，再拍向另一旁，迅速轮换。于鲸而言，"推进器"的桨就是其尾鳍的叶片；对海豹而言，桨就是两后肢，不过是一种摇橹式的运动。

鲸是无毛动物，身披光滑的皮，可以帮助其在游泳时大大地减少摩擦力。这与哺乳动物显然大相径庭，我们所看到的标准的哺乳动物基本上都是有毛的。但鲸是例外，它早已被证明是由陆上的动物变化而来，这也可以说明未生下的胎鲸身上为何有许多毛。游水目在关键处仍留存有些许毛，这些毛像猫颊上的硬须一般做触觉器官用。它们位于鲸的唇旁，具备许多神经末梢，每一条须上甚至有多达400根神经纤维。因此，虽然是余留部分，但鲸须也绝不是全无用处。据此，我们得出结论，只有从进化角度才能探寻到鲸的小须遗留的原因。

　　长大了的鲸骨鲸或长须鲸没有牙齿，在水中游泳时，它们大张着口将不计其数的海蝶及幼鱼卷入口中。从上颌下垂继而深入口腔的角质板，可深至7英尺，可以过滤这些小生物。鲸虽然有两组牙齿，但并未使用，只是卷着舌头把那成千上万的枣核一般的小生物通通扫荡进食管中。实际上，鲸的牙齿在尚未出生之时就已被肉包裹住了，从不会冲破牙肉露出来。既然如此，那两组齿又是怎样变成无用之物的呢？这不过是其祖先在陆地上咀嚼食物时所用牙齿的遗留。

　　一次正是夏天晚上，我所乘坐的船停靠在某个海湾内。那里万籁俱寂，没有海浪声和鸟啼声，就连停泊的船只也仿佛老鼠一般无声无息。忽然间，一头巨鲸在旁边喷气，像蒸汽一般。我们隐约看见一股飞沫呼之而出，柱一般腾至上空。

　　从历史的进化方面来看，这种喷气到底是什么呢？鲸不是鱼，而是哺乳动物，它无法像鱼一样呼吸混合在水中的空气，只能呼吸干燥的空气。一般而言，有牙齿的鲸只能去往水深处寻觅食物，但它呼吸时又不得不浮到水面上，因此如果能减少呼吸次数，那对鲸来说绝对是大有裨益。鲸在喷射时往往要用尽全力呼出曾吸入的空气，而且是短时间内连续不断地呼出，清空以后再深吸一口，将大量的空气储存于肺中或血液中，这样它便

能长时间（10～20分钟）待在水面下。它喷射的高度往往能达到15英尺，呼出的空气在冷空气中可以凝结成滴。除了空气外，有时其中还会带上些许海水。

第七章
迁徙的
哺乳动物

我们通常将动物集体性的移动称为"迁徙"。之前"迁徙"仅用于自某一区域迁至另一区域，但现在其字义发生了变动，转而应用于特种的集体移动，这一限制也使其意义更为凸显。严格而言，迁徙指的是顺应节气变化的迁移，即从夏季产子养育之处迁移至冬日居住之处。真正意义上的迁徙与气候、食物以及非常重要的产子密切相关。鸟纲中就有诸多典型案例。当然，某些动物每年也会像鸟类一样按时迁徙。

迁徙的海狗

海狗遍布整个北太平洋，一年中几乎有三分之二的时间都住在海里，雄性、雌性及幼崽都是分开居住的。海狗嗜爱捕食乌贼或贝类，总是随着鱼类游走。它们与海豚一样，喜欢在海面上玩闹嬉戏、翻腾跳跃，玩耍期间不会靠岸。到了春天，它们才会结伴前往繁衍地。

海狗勇敢坚毅，能在北太平洋上连续不断地游过2000多英里。一连数日，它们游过乌云密布、狂风暴雨的海面，游过阿留申群岛间

海狗

的水道，没有任何失误地抵达100英里以外雾气笼罩的普里比洛夫群岛。

5月初的时候，雄海狗都到达了群岛的海岸上。它们身强力壮，神采飞扬，一到海滩就各自占据方圆数丈的区域作为栖居之地，若有侵犯者，它们会毫不犹豫地迎战。最先被选取之处往往是最靠近水源之处，其中大多被肥壮强健的雄性占据，因此争斗不断。为了守住自己的栖息地，雄性甚至连续几周不吃不喝，很少睡眠，一刻也不舍得离开。

性格温顺的雌海狗体形不大，差不多只有雄性的五分之一，它们一般要晚一个月才抵达。雄海狗的欢迎方式比较简单粗暴，只为了得到更多的雌海狗。在向雌性献殷勤的同时，它们还要与其他雄性明争暗斗，导致雌海狗过得也不安生。即便某只雌海狗已经安定下来，隔壁虎视眈眈的雄海狗也会找机会捉住它的颈背，将其带回自己的据点，而此时雌海狗原来的雄性伴侣正忙着向新来的雌海狗殷勤献媚，根本顾不了它的"发妻"。

海狗在岛上的居住时间至少有4个月，开始的几个星期，雌海狗每日都会去水中捕鱼吃。随着喜爱的食物慢慢减少，它们只得离开海滨前往大海深处觅食。幼海狗们也会成群结队来到海中游戏，以便练习泅水和捕鱼。雌海狗似乎练就了一双火眼金睛，能从数百只小海狗中准确无误地辨认出自己的孩子，并拒绝其他幼海狗。

不久便到了秋天，庞大的殖民群体即将解散，体形巨大的雄性往往会最先离开。它们也只有在离开前的三四个星期，才能获取些食物和休息时间。此时的它们比初来时消瘦疲倦了许多，不再好斗，不过很快它们就可以在大海中寻觅到更理想的住所——风平浪静且食物充沛。

凡动物繁衍之地方为家，是种族真正的原始家乡，因此据传在温暖明媚的春天，海狗不会离岛上的家很远。不过到了冰天雪地的冬日，雄性虽

然还会留在阿拉斯加的海滨，但雌性以及年幼的雄海狗们则会一起游到南方加利福尼亚的海滨。

鲱鱼

现在我们来谈谈另一种移动——"定期的游行"，它与严格意义上的迁徙不同，与产子并无直接联系。移动的原因可能是季节更迭，可能是食物供给，也可能兼而有之，毕竟食品供给往往极其依赖于时节。例如，大海中成百上千聚集成群的鲱鱼与青花鱼连绵不断地四处迁移，追随着它们要觅食的小动物。与此同时，以它们为食的动物及更大的鱼类也在紧跟着它们迁移。

约瑟夫·鲁德亚德·吉卜林（1865~1936），英国小说家、诗人，著有《丛林之书》等。

吉卜林 先生曾说：

当印度庙宇附近的无花果成熟时，三五成群的猴子便从荒林中闻讯赶来摘食。其实，庙宇周围的无花果正是为了它们而种。在印度，猴是极为神圣的，但遗憾的是，这些猴不仅吃无花果，连它们途经的其他农作物也没能逃过一劫。据说，在南美洲，待那金灿灿的橘子于园地里暗黑的叶片中变红时，头部尖尖的猴子便纷纷赶来品尝成熟美味的果实。

旅鼠

无论什么时候，亚、欧、美三大洲的北方地区都充斥着不可胜数的旅鼠。旅鼠种类众多，不过大部分都无甚差别，除了北美的带纹旅鼠皮毛会在冬天变成白色。论起外貌，它们像极了寻常的田鼹，只是体形上更大、更肥也更矮，另外尾巴比较短，背上的毛则很长。大体来说，它们的皮毛呈褐色，但个体间差别极大。旅鼠喜居于洞穴之中，为了进出方便，它们打了不止一个出入口。也正是在这些穴中，它们繁衍后代，每巢可产多达八只幼子，每个夏季还不止产一窝。

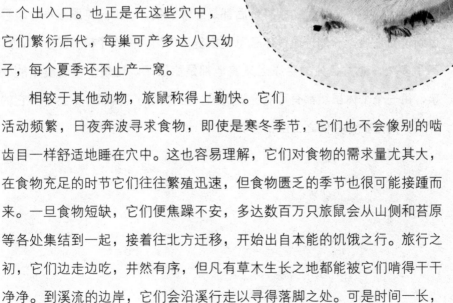

旅鼠

相较于其他动物，旅鼠称得上勤快。它们活动频繁，日夜奔波寻求食物，即使是寒冬季节，它们也不会像别的啮齿目一样舒适地睡在穴中。这也容易理解，它们对食物的需求量尤其大，在食物充足的时节它们往往繁殖迅速，但食物匮乏的季节也很可能接踵而来。一旦食物短缺，它们便焦躁不安，多达数百万只旅鼠会从山侧和苔原等各处集结到一起，接着往北方迁移，开始出自本能的饥饿之行。旅行之初，它们边走边吃，井然有序，但凡有草木生长之地都能被它们啃得干干净净。到溪流的边岸，它们会沿溪行走以寻得落脚之处。可是时间一长，

伶鼬

它们就会丧失理智，疯狂地往前冲，遇有河流阻拦，能泅水者径自跳入河中游至对岸。只要能安然无恙地渡河，这些旅鼠此后将会变得更加凶狠野蛮。

旅行途中会有大量的旅鼠死亡，因此那些生物学家口中的"送葬者"，如枭、鹰、狐、伶鼬等都会紧随其后。突发的疫疾也会给它们来个措手不及，弱者总是先遭淘汰，但强者有时候更容易死亡。1923年秋天，旅鼠在穿越挪威的官道时，很多都被汽车碾死了。还有一些在试图泅泳渡过峡江时，因极度疲劳体力不济而被水淹没。

当然，并不是所有的旅鼠最后都是悲惨收场，一部分克服艰难险阻寻觅到了新住处，一部分通过休息重新恢复了体力，振作了精神。于是，过不了多久，北方各处的平原上又遍地都是旅鼠了。这是个周而复始的故事，每一个个体虽然都有可能会被消灭，但伟大的"自然"不会舍弃它的种族，而是护佑并使之生生不息。

第八章
几种奇异的哺乳动物

河马

河马

庞大的河马已经非常少见了，只有非洲内地森林带的河流中还余留有少部分。成年的河马约重4吨，长14英尺，的的确确是一头庞大的动物。它的身子又大又圆，粗短的腿倒也承受得住，但颈部就没这么幸运了，那多齿而宽阔的嘴部实在太过笨重，根本无法牢牢地安置在粗颈上，导致它有时不得不伏于地上。河马身上无毛，表皮光滑，甚于犀牛皮。

河马胃口巨大，主食草和水中的植物，能

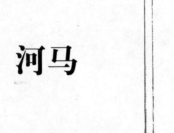
1蒲式耳约为36.37升。

容纳5~6 蒲式耳 的食物。

德国博物学家布雷姆曾这样描写河马进食时的神态：

它把那恐怖的颈伸入水中，瞬间消失不见。几分钟的时间，它一直啃咬着植物的中部，河水随着污泥陆续上浮而变成了黑色。庞大的巨兽一口衔着一大捆食料重又出现，然后将食物漂在水面上缓缓地吃起来。植物的梗横向奋拉在嘴的两边，绿色的植物汁液和口水混杂着从唇间流出，草料嚼到一半复又成团吐出，然后衔起咽下。整个过程中，河马面无表情，眼神呆滞，巨大的牙齿则显得格外令人恐惧。

河马力大无穷，光用鼻子就能轻松让一艘小船倾覆，即便在水中它也能毫不费力地拖拽一头牛前行。它是名副其实的破坏者，所经稻田无不遭受摧残损毁，甚至远超过它的食量。然而，总体而言，它们还是有所惧怕的，尤其是对携带枪支的居民毫无回击之力，所以往往只能选择晚上再去有人居住的地方活动。白天河马基本上伏在水里，那生得高高的鼻孔总是露在水面上，但由于经常隐没于水草之中，所以很难感觉到它的存在。河马就是这样，白天默默无闻，悄无声息；晚上则大声号叫，咆哮如雷。

在荒远偏僻之地，河马夜出的习惯便没那么明显。就算是白天，它也能勇敢地冒出水面，大胆地暴露于阳光之下。有时在母亲的保护下，一头小河马在白天也能安稳地睡着。母河马往往会背着幼子游泳，因为它自己能在水下潜10分钟，但小河马在的话，它必须时时露出水面以便让其呼吸。一旦遇到危险，河马母亲们都是异常勇敢坚毅的。

珀西瓦尔曾详细描述过这样一个故事：

> 观察者以为非洲一条河中的东西是泥堤，而实际上是近百头河马的背。那些河马发现观察者后非但没有惊慌失措，有两三头好事者甚至泰然自若地游近观察者。

据他叙述，一群河马聚集在一起过着"最滑稽好玩的动物生活"：

> 它们扶老携幼，或两三头结伴来到一块休息地，然后互相充当卧褥一般地成堆趴在一起。它们慵懒地晒着太阳，像死了一样，尤其是老河马。小河马相对比较活跃，不停地在大河马

71

附近徘徊。如果某头小河马卧在地上，很快就会有一头大河马伏在它身上将其做枕头使用，显然它们已经习以为常了。不幸的小河马承受着大河马笨重的身子，它们会声嘶力竭地凄厉鸣叫，直至逃离压迫，而施压者对于受苦者的哀号却充耳不闻。卸下重负后，小河马会自己站起来跂着脚走一会儿，直到觉得舒服了才会安然睡去。

岸上的河马群大都"事不关己，高高挂起"，即便有两头巨大的河马在河中殊死搏斗，也不会多看一眼。参与搏斗的河马往往斗得天昏地暗，它们互相撕扯着、怒吼着，睡着了的河马则毫无表示。不过，战争也常常戛然而止，一如其莫名其妙的突然开始。

犀牛

犀牛似乎有些声名狼藉，它脾气不好，常有作恶之嫌。它酷爱探索研究，但视力却总是拖后腿。作为一名天然的夜间动物，它白天基本都在睡觉。因此，如果被旅行者偶然惊醒，那它必定会发起攻击。生活在森林里的犀牛角很长，且尖锐无比，脾性之厉害远胜于平原的犀牛。后者性情较为平淡，只求安静独处不被打扰。一旦遭到侵扰，它也会怒

犀牛

火中烧，凶狠地进行反击。短角犀牛原本生活在平原上，之后迁入稀树草原也是出于逼迫，再后来又由于人类迁入空旷处居住，它便不得不进入森林。在平原，它主食小而有刺的灌木和草，到了森林才转吃树叶与小枝。

犀牛每次怀孕生产都是单胎，幼子随母亲生活至成年。我们如果看到母犀牛与两头一大一小的幼犀牛同行，那么就可以判定个头大的是个头小的兄长。但母犀牛也有决绝的一面，经常在下一胎还未走出时就将已长成的小犀牛驱离，不再提供庇护。犀牛喜欢白天睡觉，它们或卧于平原的独树下，或休憩于荆棘的阴凉下，或伏倒于丛林的树丛间。在碎石堆积之地，犀牛会爬到高岩上居住。别看这个庞然大物体形笨重，腿还粗短，但灵活如山羊，可以登山爬高。它总是直挺挺地横卧在地，连续几小时岿然不动，宛如一头懒猪。这时小鸟就会飞到它的皮上搜寻寄生虫，要知道这种鸟一般栖居在森林中远离水源的高地上。

下午当温度有所下降时，犀牛终于开启了它的日程——往喜欢的水滨走去。它边走边吃，在灌木丛中缓缓而行，但不管怎样都一定会在日落前走到目的地。万一天色已晚，它便不再沿路觅食，而是加快速度好尽快抵达水滨。犀牛虽然腿短，跑起来可一点都不含糊。如果它们穿越薄树丛，那么所经之处将形成一个高度与其身高相仿的隧道。但这种现成的隧道并不是探险者的最好选择，好比犀牛留有足迹之地也不宜设营帐，毕竟它们都很恋旧，习惯于走老路，每一条行过的路都会使用很久。

这些动物在水边吃饱喝足后便开始尽情嬉戏，简直就是一群发育太甚、用力过猛的猪，它们的号叫声会回荡在漆黑幽暗的森林中。待玩得疲乏了，它们要么回到水里打滚，要么找棵合适的树躺着擦那满是皱纹的皮。除了每天按部就班地往水边走，绝大部分时间它们都保持静止姿态，只有在天气最干燥的几个月里，它们才会进行季节性的游行。当犀牛发现自己常去的水边已经干枯，就会立马出发寻找水源更充足的池子。在这方

面它跟狗不相上下，感觉极其灵敏，都是用前足刨地然后将沙土堆在后足间，如此挖掘水穴。其他动物或许可以利用此水穴，或者在此基础上往里挖深，但很少将其掘成深井。

披甲的哺乳动物

披甲的哺乳动物，典型案例当首推犰狳。它的肩部与股部间有骨质的鳞甲，由骨质的腰带将其依次镶紧。犰狳如果将头和尾蜷缩在一起，便成了一个密不可分的球形。作为独一无二的皮中有甲骨的哺乳动物，犰狳及其亲属的甲胄堪称完美无缺，因为其坚不可摧，还能自由蜷缩。

犰狳

犰狳与树懒同属一目，但它们的生活空间截然不同。树懒动作相当迟缓，喜欢居于树枝间，而犰狳由于拥有甲胄且具备强大的掘穴能力，依然生活在平地上。它的爪子锋利无比，在土中迅速掘几下，就能挖出一个不小的坑，只留下身体的后半部可见。它的背上有一块盖有骨质的板，敌人很难伸手抓到它。前不久，有人看到一只去除了甲骨的犰狳，发现它不仅能正常走路，还穷凶极恶地要咬人。

　　有句谚语道："凡是极好的东西不能索要太多。"拉丁格言"莫过度"一语似乎更为贴切，也更切中要害。比如，我们经常看见一些太过度的动物，像犰狳已灭绝的亲戚——南美的雕齿兽，其甲胄厚达1英寸，远远超过所需的厚度。

　　在对犰狳的甲胄叙述完毕前，我在此增加两个与论点相近的批注。

　　第一个与达尔文有关，他钟情于研究犰狳及其亲属，不管是活的还是化石。他乘坐 "贝格尔" 号 在南美旅行时就发现了相关的化石。让他深思极虑的是，南美地区不仅此类化石（贫齿目）丰富，存活的代表数量也是数不胜数，堪称大本营。

> 又译"小猎犬"号，是一艘双桅纵帆船。1831年12月，达尔文以博物学家的身份，随"贝格尔"号从英国的普利茅斯港开始了为期5年的环球旅行。

　　达尔文就此写道：

这应该不能算一种巧合。不过，这些为数众多均已灭绝的犰狳、食蚁兽与树懒必定是在此繁衍者的祖先。

　　当今所有的博物学家都对此表示接受，而让这一观念流行起来并通行于世界的无疑是达尔文。

　　第二个批注比较简单，当地人利用犰狳的甲胄制作成牢固的篮子。待犰狳死后，他们便丢弃尸体，将它们的壳倒置，接着在头部到尾根处安装

穿山甲

一支柄，一个无与伦比的购物篮便做好了。由于尾上有紧密连接的骨质的环，因此皮上生甲骨这一发展大势是极为确定的，每个环均可拿来用作餐桌上精致实用的布巾环。

生活在非洲及远东的穿山甲是犰狳的亲属之一。它那遍布全身的角质鳞甲坚硬无比，依次重叠如屋上的瓦一样，还能自由活动。即便我们此前已经了解了很多，但当亲眼见到如此古老而独特奇异的哺乳动物时，我们不禁脱口而出："难道它不是爬行动物吗？"也许它突出的鳞甲就是从爬行动物的古老祖先那里传下来的遗产。毋庸置疑，哺乳动物源自一种已灭绝的爬行动物。不过，换一种说法可能更接近事实，即哺乳动物尚未完全失去爬行动物产生鳞甲的能力，例如鼠及河狸的尾巴就是有鳞的。除此以外，东方鲤鱼和非洲幼鲤鱼的鳞中长有毛，还有那有趣的海豚及部分已绝种的鲸，它们的皮中也是藏有鳞的。

从某种程度而言，拥有厚实的皮即意味着具备了坚固的甲胄，这类动物当属犀牛与大象最为典型。

第九章
群居的
哺乳动物

自然界中独居的哺乳动物与群居的哺乳动物并存，前者如水獭、野猫、狐狸等，后者亦可划分为几个不同的等级。

第一级哺乳动物数量极多，虽然栖息在一处，但实则并无任何社会性的群体生活。以兔巢为例，为了在光线昏暗的环境中进食玩耍，大部分兔都住在一起。但实际上它们并非共同工作，也无站岗的哨兵。北美的土拨鼠也是如此。它们繁殖速度惊人，当找到了合适的栖居地，便住在一起。因此，可以说它们即将迈入群居者的群体，但还是没能真正建立社会性行为。

总而言之，要划分出一条界限分明的线是几无可能的。故去的哈德逊在所著的《拉普拉塔的博物学家》一书中告诉我们：

潘帕斯高原的毛丝鼠之间存在着诸多交流，还会共同嬉戏。作为啮齿目，它们偶尔也会糟蹋附近的谷类。愤怒之下，农民们会在毛丝鼠居住的洞口堆放泥土以把它们活埋。不过一到晚上，成群的毛丝鼠就会从邻村赶来挖洞，将它们的伙伴救出来。

毛丝鼠

通力合作之时便是群居生活之始。

再比如，斯堪的纳维亚的旅鼠。我们之前描述过这种动物，它们同样一大队、一大队地生活在一起，但彼此之间也没有社会性的交往，仅在饥饿难耐时，才会临时集合成军出发寻找食物，社会性的行为自此发端。

第二级以鹿、羚羊、野牛为例，进步之处在于其已经有了全体一致的行动，群体中每一个个体都会团结协作共同抵御外敌。例如，生活在加拿大极北的麝牛，多毛且全身呈黑褐色，它们一旦遇上天敌狼群，便会立马集合成群，接着退往高处或峭壁之下，组成圆圈或半圆的形状，把小牛保护起来，其余长有具威慑力的长角者则严阵以待。狼群和麝牛就这样合群地展开攻守战。

麝牛

吉卜林在《丛林之书》中描写了有关"合群法则"的博物学故事。所谓群体，就是工作一致，一个群能围住一小队的羊或抵抗一个强大的外敌，其主要原因就在于每一个个体都团结一致，而非各自为战。群居动物通常会设有站岗的哨兵，并拥有专门的警示信号。这样的例子比比皆是，驯鹿就是很有时间性、规律性地进行群体迁徙，从夏季栖息之地去往冬季居住之地，反之亦然。相对鼹鼠或旅鼠这样的偶然群体迁徙者，驯鹿显然更高一级。

关于第三级的群居动物，我们可拿河狸的村落来举例。准确地讲，它们的村落更像一个蜂房组织，而非简单的成群。它们齐心协力共同工作，建造堤坝或者挖掘运河都不在话下。总而言之，它们的故事饶有趣味，必须用更多篇幅才能清楚地说明。

河狸

啮齿目动物河狸也是松鼠的近亲。把它们归为足智多谋的种族或许并不恰当，据我猜想，它们那些值得称道的行为绝大多数都源于先天的本能，而不是依靠后天的学习。

英国很多地方都能找到河狸工作生活的遗迹，因此可以说河狸是英国的本土动物。但它们很早之前即已离开，在欧洲其他地方也生活得极为隐蔽。即便在北美——河狸集聚之地，种类与欧洲基本相同，其栖居之处也日益萎缩，被驱赶至西部偏远地区。河狸皮价格昂贵，虽然它们狡猾多端，且习惯于群居生活，但依旧无法保留其本来的居所。它们与松鼠的关系颇为有趣，这两种动物多多少少都已经离开原本居住的地方，转而去寻找新的地盘了。进化最完全的松鼠变成了树居哺乳动物，而河狸则干脆潜入了水中。

河狸的皮毛厚实不渗水，再加上生蹼的后足（游泳时可用作舵）和强健而扁平的带鳞的尾巴，使得它们极其适应水中生活。人们过去认为，河狸利用尾巴填土筑堤，但事实上，河狸并不会这么做。夏天，它们常进行远游，以寻觅享受美食。由于身躯太过圆润，腿也较短，因此它们在陆地上行走不便，更不用说疾行了。

河狸拥有很多自我保护的特性，要不是因为人类觊觎它们长毛下面的浓密绒毛而对其大肆猎取，说不定现存数量还会更多一些。过去，人们拿河狸的皮做礼帽，自从蚕丝取而代之后，河狸才得以逐渐返回以往的活动区域。美国大部分州都为河狸制定了相关的保护法，设陷阱狩猎者禁止随意射杀河狸。河狸保全的生命特质尤其多：游泳潜水的本领、储藏小枝碎木的习惯、昼伏夜出的习惯、种类丰富的食单，以及最重要的互帮互助的品质和事半功倍的效率。

河狸所做的令人目瞪口呆之事，首推伐木。倒于它们齿下的树直径可达16英寸。它们一般先用凿子般锋利的门齿横咬出两条平行的槽，接着通过连续的啃噬咬去槽中的木质，就这样慢慢咬出一条平行线，最终绕树一圈形成环形的槽。在接连的攻击下，树身很快变得面目全非，宛如葫芦的细腰，待支撑不住便倾倒下来。一位观察者曾亲眼见过一株直径约30英寸的白杨树被河狸咬断的全过程。它们心思巧妙，受啃咬的树的树顶不偏不倚倒在了河狸所造的一个小池子中间，这样几乎大门不出就可以获取丰富美味的食物。但这也可能是运气所致，而非足智多谋，毕竟事情并不总是一帆风顺。也有树倒在另一边的时候，且并不少见。总而言之，河狸一般会啃噬离自己家较近的树，所以不管树最终往哪里倒，对它们而言都没有多大区别。另外，河狸和人类一样，也有半途而废的时候，它们会本能地厌倦伐木工作，一旦间断，便前功尽弃。一般情况下，它们喜欢选择直径在1英尺以下的树，把树弄倒的目的就是获取那鲜嫩多汁的树枝食用。

河狸的另一个本领就是造池建坝了。池起着举足轻重的作用，可以使居所四面的积水加深，一到冬天它们便可以自由地在冰下游泳。同时，深

池之所以未受淤塞，则完全得益于河狸之前筑造的坝。此坝基本上由随意杂凑的浮木、柳枝等建成，之后用污泥碎石予以加固。这些建筑材料的搬运方式很特别，树木、小枝等轻小物体用口衔，污泥碎石等较重的材料则是河狸用前足紧托在胸前运送的。有时宽阔的溪流也会被坝隔断，当然这是常例之外。有人说，没有水流冲击的时候，河狸筑造的坝往往是平直的。相反，如果有潮流，那么坝形会向上游凸出。但其实，向上游凸出的曲线是工程不得已而为之的，与河狸智慧与否没有太大的关系。大水过后，浮木往往会阻塞溪流的狭窄段，可以说此时是筑坝最为简单的时候。由于材料不易随水流漂走，因此这种自然形成的临时的坝为河狸后续建造永久的坝打下了坚实的基础。毕竟，相对于开拓创造，动物们更适于顺应。

此外，河狸的坝还有一个奇妙处——筑造用的树枝有些竟会长成有根的灌木，堤坝也因此愈发坚固，到了夏天还会巧妙地隐藏于一片翠绿之中。不过最有趣的是，河狸会同心合力开展建坝工作，因为这一浩大的工程不仅有利于某一处巢穴，还关系到很多河狸的住所。

河狸造的屋分两种，但大多数屋是两种屋的结合体。譬如，科罗拉多等河都是两岸很高，水面的高度因经常变动而不定。因此，河狸建造的其中一种屋是从河底造一条隧道通到岸上的大穴中；另一种则是草率建成的巢穴，使用木条、泥土等材料，高数英尺，底宽8~10英尺，状似圆锥，一般门设于水下。两个门的当然也有，地面一个，池里一个。巢穴内部构造有起居室和卧室，其余地方用来储藏嫩枝和树枝，以应对寒冷天气。

有些河狸会将大捆的嫩枝与树枝藏在居所门口附近的池底，用石块压好。若真是如此，说明它们确实足智多谋。此外，还有件事挺有意思的，入秋后，它们会在茅舍外部涂盖上一层泥土，这样到了冬季天寒地冻之时，泥土就变成了一堵坚不可摧的墙，不但能有效御寒，还可在关键时刻阻挡饿狼等捕食者的侵入，化身为一座坚固的堡垒。可惜的是，这些关于河狸巢穴的传说大多都是假的，那些草率建成的巢穴根本无法和黄蜂、白蚁的巢相提并论。

河狸合群，善交际，团结协作、建坝凿河就是这种品质最好的证明。它们的巢穴集聚在一起，环绕成为一个河狸池或河狸村。可以说，河狸村成立之时，就是附近的树木逐渐减少之时。池附近的树往往最先倒下，继而是远处的树，年复一年如渔港的渔船一般渐渐远去。河狸通常将树枝衔在口中搬运，这对于它游泳而言没有任何妨碍，不过如果要经过丛林矮树那就得耗费一番大力气了。它们完全可以选择修一条路，但显然还有比修路更好的方式——造运河。最出色的运河总是奇异而独特的，光长度就可达数百英尺。河狸会选择在蛇形河道的两个曲折间造一条捷径，这条捷径不可避免地要穿岛而过。一想到要从一个小岛穿过，我们便不得不感叹这项工程的不可思议了。建造如此长的运河绝非一只河狸可以完成的，需要群体的共同协作。据阿盖尔公爵拍摄的照片显示，只有当水道可以畅流时，工作才算成功，因此它们的合作是针对这一目的。与此同时，河道旁的低矮丛林中往往存在通路，一下大雨就变成了天然的运河，河狸于是将此通道改良成水池。这正如我们之前提到的，相对于开拓创造，动物们更适于顺应。

河狸是一夫一妻制的典范，总是成对地居住在一起。它们青年时期悠长，家庭成员间相处得快乐而和谐。假如哪天河狸村繁殖过度了，它们会另觅他处生活。有人说，开辟新村由河狸年长勇敢的祖父母们执行，但对于这种传说我们不能轻信。

在我看来，河狸并非绝顶聪明，也实难与狐狸、白鼬、马或大象同日而语，但它们拥有不同寻常的天赋——与同类团结协作的特质。随着漫长

83

岁月的推移，它们具备了试验的冲动和探索，假如试验结果达到预期，那么它们将一如既往地延续下去。这并不是说任何河狸都有维护集体利益的意识，我认为，河狸在突发建造堤坝的念头时，想通过试验顺应泛滥的河水以验证它们的想法，既然结果良好，不如就此予以维持，并最终形成习惯。

第十章
哺乳动物的
母性

哺乳动物中母性扮演着不可或缺的角色，对此我们须进行深入探究。哺乳动物这一名称的由来便指的是母兽的乳头。

产卵的哺乳动物

早前据澳洲的原住民称，有一种有毛的动物是产卵的，即鸭嘴兽。虽然动物学家很明确哺乳动物是不能产卵的，但原住民并没有撒谎。澳洲有两种哺乳动物是产卵的，外表分别类似鸟类和爬行动物，是最原始古老的哺乳动物。

鸭嘴兽毛密而身材肥短，体长约1英尺，嘴形似鸭嘴，足上有蹼和

鸭嘴兽

爪。它们常栖息于池塘或江河浅流处，寻觅污泥中的软体动物及幼鱼食用。它们的觅食方式很特别，一开始总是将捕获物置于口中，待空闲时再慢慢咀嚼。鸭嘴兽是有牙齿的，但完好时间太短，不到一年就掉了，之后要嚼碎物体就只能依靠角质的齿盘。实际上，鸭嘴兽是不彻底的热血动物，我们多多少少可以在它身上看到些许爬行动物的影子。例如，它常常在水池旁的窟内产卵，一次两枚，卵长约0.5英寸，覆有白色的膜壳，而哺乳纲的卵细胞普遍才0.008英寸长。之所以出现这种情况，是因为鸭嘴兽拥有普通哺乳动物卵细胞中没有的卵黄。简单地说，鸭嘴兽的卵与爬行动物的卵更为类似。在幼子孵出来后，它们会在母亲腹部的皮上舐食乳汁，乳汁正是从该处的小孔里流出来的。其实，从这个角度讲，鸭嘴兽根本称不上是哺乳动物，因为它没有供幼子吸吮的乳头，但就此取消它的身份也未免太过因循守旧。

多刺的针鼹生活在陆地上，身长大概1英尺，强刺由毛进化而成，构造非常坚硬。它们的挖洞速度非同一般，一眨眼就只能看到脊背露在地上了，身体瞬间就没入了地里，像沉水一般轻松自如。此外，它们的嘴部又细又长，黏质的舌头是捕蚁利器，总是伸出来露在没有牙齿的嘴外面。与鸭嘴兽一样，它们都是不完全的恒温动物，几分钟内体温就能发生变化，冬天一到便会去往隐蔽处冬眠。

针鼹

针鼹的卵与鸭嘴兽的卵极为相似，

不同的是，前者产卵后会将卵置于腹部的囊中，幼崽就是在此发育。囊的侧面长有乳腺，动物学家将其视为增大的凹形乳头。幼崽只要舔食，囊中即有乳汁渗出。随着繁殖期结束，囊也会自动消失。值得一提的是，针鼹的乳汁非同寻常，蛋白质丰富，很少甚至不含糖质，磷盐也完全没有。

有袋的哺乳动物

第二级哺乳动物是有袋目，袋鼠、袋狸、袋貂、袋熊、袋獾等都属于这一级，母兽体外的皮囊就是用来护育幼崽的。曾有一段时间，有袋目在全球散布广泛，连英格兰都有相关化石遗留，但后来在其他更发达的哺乳动物的侵占下，地盘逐步萎缩。如今，所有的有袋目均产自澳洲，除了美洲的负鼠，因此澳洲整个岛长时间都处于被有袋目占领的状态，直到高等哺乳动物到来。其实，远在此之前，澳洲因"板块漂移"早已与亚洲分离。而澳洲的有袋目沿着各自的轨迹分别进化成了高等哺乳动物，如食草的袋鼠、食肉的袋狼、近似啮齿兽的袋熊以及一种类似鼹鼠、名叫袋鼹的奇特穴居动物。此外，还有好几种拥有"降落伞"的动物，其膜翼与啮齿目中的鼯鼠大同小异。

普通的哺乳动物，它们未出生的幼崽往往一直隐藏在母体子宫里，与母兽生活在一起，牛、羊、猫、犬、鼠与兔等都是如此。胎盘则是幼崽与母体彼此联系的器官。有袋目几乎很少有所谓的胎盘，除了袋狸鼠，因此幼崽出生前母子间的关系并不亲密。加之袋鼠的怀孕时间太短，相比母马须怀胎11个月才能生产，它们怀孕39日就把幼袋鼠生下来了。幼袋鼠刚出生时视力模糊，看不清楚，全身光溜溜的，才1英寸长，在母亲的帮助下，它能爬过母亲的皮肤进入育儿袋。

袋鼠

此时，母袋鼠的乳头已经微微涨大，幼袋鼠凑过来可以一口衔住。但幼袋鼠尚没有吮吸的能力，只能一动不动地衔着，母袋鼠只得不停收缩肌肉以把乳汁挤出送入它嘴中。幸好它们气管的口侧没有长在鼻管后孔上，否则乳汁很可能误跑到气管里导致窒息。有意思的是，鲸这方面的构造与之类似，它游泳时嘴巴是张开的，器官则推向鼻管的后孔，与此同时，由于鼻管的前孔也由活瓣关闭，水便无法进入鲸的肺部。

幼袋鼠在囊中生活了一段时间后才能将头探出囊外，那四处张望的样子非常可爱。过不了多久，它就可以跳出来保护自己了，一旦遇上紧急情况，它会立马返回母亲安全的囊中。总之，它们跳出跳进真是新奇有趣极了。

不是所有有袋目都是有囊的，有些是将幼崽挂在母亲的皮毛上，有些则是将尾巴缠绕在一起以防跌落。部分幼崽在离开囊之后，仍旧有挂在母亲皮毛上的习惯。阿扎拉负鼠是无囊的有袋目，大小似猫，它在背着11只小负鼠的情况下依然身手敏捷，爬树都不在话下，而那些小幼崽也很听话地将尾巴绕在母亲的尾巴上。由此我们可以看出，在幼崽出生前，有袋目的母子关系虽然比不上寻常的哺乳动物，但生产后却仍然长时间保持着亲密无间的连带生活。当然，囊只有母兽才有，自不必说。

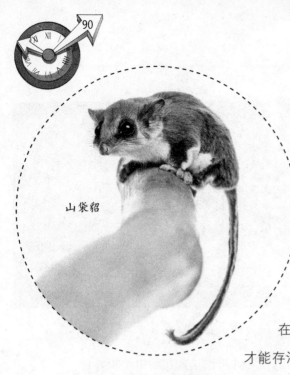

山袋貂

昆士兰与新南威尔士地区生活着一种比鼠还小的有袋目——山袋貂。它体侧的两张翼膜从前肢长至后肢，专用来在树枝间滑翔。这种有袋目其母兽的囊内虽然只有四个乳头，但在生育上一点也不落后。于是问题来了，刚生下的幼崽长度甚至小于我们的小指甲，而挂在母亲毛皮上的它们只有及时到达囊内才能存活。可是囊内乳头有限，只有最先抵达的四只幼崽才能生存下来，剩下的几分钟内就会活活饿死。

生产下来的幼崽总是多于存活的，这在小的有袋目那儿已经是稀松平常的事了。有人提出可以让幼崽轮换着在囊内吸乳，比如一些大型动物生子较多，如疣猪每巢生6～8子，但它也只有4个乳头而已。但这并不适合小的有袋目，因为好不容易衔住乳头的幼崽绝不会轻易吐出来，它们会一直衔着长达几星期。目前已知的有些有袋目至少在囊内时是无法独立生存的。

山袋貂在繁殖上似乎犯了严重的错误，对此我们只能说：

首先，动物的所有安排并不是一视同仁的，对于某些不完备，它们正在以适合的形式予以调节；

其次，发育不健全或者柔弱不堪的幼崽在囊中虽然难以存活，但总还有几只能顺利生存下来。

其实，光就数量而言，存活的子女数已经不算少了。

有胎盘的哺乳动物

所有平常的哺乳动物，不管是人所共知的猿猴，食肉目的狮子，食虫目的刺猬，啮齿目的野兔，有蹄目的马，还是较奇特的树懒、食蚁兽、海牛与蝙蝠等，都有一个复杂的器官——胎盘，就是这个器官将尚在子宫的幼子与母亲紧紧联系在一起。这种关系之密切，使得我们不得不用"连带关系"等重要字眼来描述。固体状的碎屑是无法直接通过母体进入子体内的，母亲将食物消化后往往将营养储存在血液中，进而流至胎儿的血管。与此同时，胎儿也会交换一些东西反流入母亲体内。随着环境的变化，母体会逐渐变化，而母子间的亲子关系亦会因此而变得亲密无间。

食蚁兽

由于生活环境并不安稳，甚至有时危险环伺，因此即便是刚出生的幼崽都要学会落地行走。例如，一些刚孵出的幼雏下地就能走，马驹、小羊等早熟的哺乳动物也几乎一落地就能独立行走。再比如生活在草原上的野驴，不出意外，其幼崽生产不久便要跟随母驴行走，如此一来，我们也能理解为什么母马需要怀孕11个月才能生产了。还有件趣事，作为一个马不

停蹄者，小马吃母乳的时间极为有限，当母马隐藏于丛林中时，小马才可以大快朵颐，美美地享受一番。

与之类似，幼鲸出生于大海。由此我们不难理解，为何相较于幼鲸，海豹显得格外小心谨慎了。因为海豹的出生地是海岸，若不慎过早落水，它们很可能会被淹死。同样地，我们也能明白为何母鲸产子怀孕时间长达1年，而家兔仅需要1个月就可以待在安稳舒适的窟中生产了。

在水中的时候，母河马喜欢让子女骑坐在自己的颈上。南美的水豚在陆上时也会让孩子骑坐在它的颈上。水豚应该是现存啮齿目中最大的动物，与羊差不多大小。我们往往将母海牛或母儒艮当作美人鱼故事的主人公，之所以如此，主要是因为母海牛总是用鳍把孩子抱在胸前，这和人类抱孩子的动作可以说非常相似了。

水豚

体形庞大的海象也有个颇为奇异的举动，在海岸活动的幼崽饱餐一顿后会拖着脚走到水中，由于还未完全适应水，母海象通常会陪伴孩子前行，顺便将其救上来驱赶回岸边。但实际上，这种跳水行为对于孩子的健康是大有裨益的。

鹿的幼崽学会走路的时间稍晚，大部分在出生几天后依然不能独立行走。每当这时候，母鹿便会将子女隐藏在距离巢不远的丛林中。

看似只有飞鸟才有巢，其实哺乳动物也有自己的巢。例如，巢鼠利用树叶制作摇床，孩子们可以在小麦秆上摇荡着安睡；家兔往往会打一个洞，将用皮毛制成的床置于洞窟最深处；松鼠则会直接在树枝或主干的分叉处建造育儿场所，由于天敌很少，所以它们随意用青苔和小枝就搭了一个大巢，且没有采取任何隐藏措施。不过，松鼠的巢与鸟巢终归是存在差别的，前者并不在巢里孵卵，但它们哺喂孩子

巢鼠

的时间相对较长，因此也谈不上有多大区别。一旦有樵夫到来或者遭遇其他危险，母松鼠便会立即转移幼子，一次衔一只小松鼠，往返数次就可以

将两三个孩子全部迁移完毕。

　　母兽爱子心切，为了保护子女拼尽全力甚至不惜牺牲自我，在哺乳动物中这样的例子不胜枚举。我们都听说过母熊因为失去心爱的孩子而狂暴怒吼。其实，论起母爱之深切，非水獭母亲莫属。它对于子女的种种教育，包括在森林中的生存技能，可谓含辛茹苦、不厌其烦。

第十一章
鸟的生活状态

鸟纲与哺乳纲是脊椎动物中最高级的两纲，二者沿完全不同的方向进化，因此在论起谁更高级时很难争出高下。然而，人类属于哺乳纲，这毫无疑问，所以通常而言还是以哺乳纲为首。但我们不得不承认，鸟类非常优秀，且很多方面都不亚于哺乳动物，如它们的骨骼与肌肉、视觉与听觉以及血液与呼吸。

鲸与蝙蝠是不是哺乳动物，也许有人一时半会儿确定不了，但对于眼前的飞鸟那必然一见便知。鸟是两足动物，加之其长有羽毛，还具备恒温与产卵的特点，定义就不言而喻了。所谓恒温动物，指的是无论寒暑昼夜，体温始终保持不变，这样的动物只有鸟与哺乳动物两类。大部分鸵都具备展翅翱翔的能力，除了5种只会奔跑、双翼欠发达的鸟——非洲鸵鸟、美洲鸵鸟、鸸鹋、食火鸡与几维鸟，以及南极的企鹅等少部分类型。

鸟机警聪明又精明强干，因此它们的生活状态是极有趣味的。在此我们不得不提的就是第三种特质——个体的习惯，因为很多鸟都易于适应新的生活状态。

鸟的感觉

鸟的视觉与听觉是它们的傍身法宝，为它们打开了智慧的大门。我们对鸥鸟的敏捷常不吝赞美之词，因为它们可以准确无误地从汽船后面的泡沫中衔取饼干片。在山上巡查、搜寻幼雏的鹰目光锐利有神，高度警觉。一旦观察到小鸟或幼雏，它会以闪电般的速度从高处俯冲下来。秃鹫往往会聚集在动物尸体旁边，不过不是依靠嗅觉，而是利用视觉。第一只秃鹫一看到有哺乳动物步履蹒跚要跌倒时，便立刻直冲过来，另一只秃鹫见状也随之下降，接着第三只、第四只……届时消息已经传得满天飞。

朗费罗曾这样描述接踵而来的厄运：

> 沙漠中翱翔的秃鹫发现猎物踪迹后绝不手软，
> 一头患病且受伤的野牛只能束手就擒，
> 而另一只从高处看到猎取瞬间的秃鹫也随之而至，
> 紧接着，第三只从未知的地方飞来，
> 一开始只是小小的黑点，很快就可以看出是一只秃鹫。
> 这时空中已布满了鸟翼，
> 祸不单行说的就是这样。

稍逊于视觉的便属听觉了，小枝微弱的折断声都能让察觉的鸟迅速离开，或者立刻向同类发出警告信号。我们都知道鹅群警鸣拯救罗马的故事，它们在深夜里可以敏锐地察觉到异常声响。鸟擅长鸣叫必定也是因为其善于倾听。

> 高卢人在攻打罗马城时，将罗马人逼到了山岗上。就在高卢人趁夜色偷袭山岗时，其上饲养的鹅群发现了敌情，使罗马人及时解除了危机，并取得了最终的胜利。

对于一出生就能四处奔跑的高等鸟，如鸡雉、鹧鸪、麦鸡、红脚鹬等而言，灵敏的听觉至关重要。遇险时鸟往往会发出一种特殊的警诫声，而雏鸟对于父母的这种声音有着本能的敏感，一旦听到就会立刻蜷伏，一动不动。从出生后两三小时开始，它们就有了这种本能，但对于养育其的人类的呼唤则置之不理，无论人类表现得如何忧虑。

以上完全可以证明鸟类听觉灵敏，能够辨别声音。正如我们熟悉的犬

鹧鸪

类，有些听觉灵敏的，甚至能在距离很远的地方就分辨出自己主人汽车喇叭的声音。

其实，只要稍微研究下鹧鸪的听觉，就能更了解"动物的举止行为"。幼鹧鸪虽然能敏锐地察觉父母的呼唤，但我们不可就此判定它们一开始便明白为什么要保持蜷伏不动。它们的神经与肌肉系统带有遗传性，对特定的声音会做出反应。当然，这并非因为它们冰雪聪明，而是本能的神奇体现。

不过，鸟纲在其他感觉方面表现都很一般。毕竟全身覆盖有羽毛，所以触觉并不敏锐，随着慢慢长大还会逐渐消失。但有些鸟类在进食或用喙触物时，往往先以喙去感触，而不用眼睛，由此来看，它们的喙是极为灵敏的。比如在林中湿土中掘食蚯蚓的鹬鸟，喙的尖端含有丰富的神经末梢，它们对于土中的蚯蚓等所有看不见的食物都是依靠触觉来感知。

鸟的味觉欠发达，主要源于它们不经咀嚼就吞咽食物的生活方式。但据说，鸡雏在进食时很快就能学会躲避味道不佳的毛毛虫，饥肠辘辘的小鸭也会在经历过一次教训后拒绝皮肤含毒的小蛙。

对于鸟的嗅觉，如黑鸟、鹊及若干夜行的鸟，以及它们的冷热、压力及平衡等其他感觉，我们都知之甚少。有动物学家把候鸟长途远徙而不迷路的原因归于"某种磁力的引导"，但所有证明该磁力存在的试验均告失败。我们都清楚，候鸟在热带地区过冬后，依旧能顺利返回位于北方的繁殖地，但它们究竟采取了何种方法，我们对此仍一无所知。即便说其拥有"一种方向的感觉"，也没有任何确凿证据。总而言之，在鸟类的生活中，视觉与听觉占据着最为重要的位置。

鸟的行为

假如一个学骑自行车的小孩试骑一次便成功了，那绝对称得上天赋异禀。对人类而言，拥有如此高天赋的凤毛麟角，但在鸟类却是稀松平常的事情。幼小的黑凫初次入水就能游泳，大部分水鸟也都是如此。不过，游泳健将们也不是天生喜水，这在河鸟——一种与鹪同族的鸟身上表现得尤为明显。它没有天生就入水的本能，似乎只有当被推进水里时它才会发觉自己的能力。一些栖息于悬崖峭壁上的鸟，譬如海雀，生产地往往离海面有二三百英尺高，第一次入水每每要由双亲谆谆教导，采取引诱乃至强迫的手段才能帮助幼雏完成下水。母凤头鸟一般会先背着孩子游泳，然后找机会让孩子下到水里，帮助幼子安全稳当地浮于水面上。

海雀

鸟与蜂的行为存在天差地别，主要在于鸟相对缺乏先天禀赋，但学习能力很强，例如它们天生只有飞翔潜水、啄食挖掘、蜷伏隐匿等能力。除此之外，其他能力鸟只能依靠后天自学。

99

摩根教授曾发现，在他实验室中孵化的小鸡跑出户外时，即便听到母鸡咯咯的呼声也会充耳不闻。等到玩得口渴了，小鸡会从蘸了水的指尖上取饮，可它们并不知道水能解渴，因此在路过水盆时丝毫不在意。偶然有一次，当它们站在水盆中啄自己的足趾时才恍然大悟，原来水正是它们所需要的，这时它们才会如我们平常所见到的那样仰天举喙。再后来，一些没见过世面的小鸡把红色的毛丝吃了进去，很显然，因为缺乏教导，它们才把毛丝误当作了蠕虫。不过，尽管它们犯了错，但都是暂时性的，食用红毛丝或索然无味的毛毛虫一般不会超过两次，它们的学习速度快极了。

另外，摩根教授还喂养了两只松鸡（水鸡），并将其与同类彻底隔绝以时刻观察。松鸡游泳出于本能，但它们无法潜水，在浴池或小溪中都一样。一天，在约克郡溪流旁的小池中，一只9个月大的松鸡正在悠闲地游着泳，突然沿岸蹦出来一条小狗对它狂吠不止且紧追不舍。才一会儿工夫，松鸡就彻底沉入水中消失不见了。不久后隐约可见其在水中的身影，但头还是偷偷地露了出来。它的首次潜水表演可谓大获成功，之前将近两个月的游泳对它自然益处多多，但这潜水的本领似乎没得到过任何指点。在突然遭到狗的侵袭时，松鸡受到了惊吓，当它意识到自己处境危险时，智慧与本能联手助它潜入了水中。

画眉

在清幽寂静的林中，有时可以听到画眉在石板上啄碎蜗牛壳的响声。它进食的状态变化留下不少证据，那一堆堆碎壳就是研究史前人类问题的学者所称的"贝冢"。画眉有一种非常有趣的利用工具的习惯，是先天禀赋使然还是依靠后天习得呢？

这在皮特女士所著的《园中与篱落间的野生动物》一书中可以找到答案：

　　　　她做过一个试验，将几只林蜗放在饲养的一只幼画眉前。一开始画眉当作没看见，直到有只林蜗抬头爬行，它才去啄林蜗的角，林蜗本能地缩进了硬壳中，这让它诧异极了。经过多次反复试探，画眉啄食的频次一天天增多。它总是用嘴擒住林蜗，接着任由它掉落在地，没有什么大的进展。到了第六天，它终于可以像啄食大蚯蚓一样啄蜗牛了，最后还将啄起来的蜗牛扔掷到石头上。在尝试多次后，它似乎下定了决心，并最终通过15分钟的努力啄碎了一只蜗牛。有了第一次，下一次便容易多了，毕竟以喙啄物是画眉的本能。但在上面这个试验中，它是用智谋解决了一个难题。

脊椎动物都具备这样一种能力——将所见之物或所听之声与某个相关的动作联系在一起，鸟类也是如此。

　　　　为了逗松鸡开心，摩根教授常挖蚯蚓来喂它。没过多久，只要一看见教授拿着铲子，松鸡便飞奔过来紧紧跟着。我们没必要认为那松鸡也许在自言自语："他拿着铲子，不就是来给我挖蠕虫的。"可在它的心中，显然已经将铲子与曾经的快乐体验紧密联系在一起了。

通过利用鸟类联想的能力便可训练它们表演一些简单的技术动作。例如，雀、牛、鸟甚至鸡雏通过训练都能辨别卡片上的记号，假如再给点暗

示，它们还能从一堆卡片里挑出指定的卡片。

唐纳德这样描述他见到的印度织巢鸟：

> 　　它聪明伶俐，喜欢探索并爱将好奇之物衔在口中。利用这一天然嗜好，我教授了它一些操作技艺。它学习能力特别强，如果我耐心细致地教它，不出一个月，它就学会如何挑选特定的卡片了。此外，它还可以将一枚投掷到井中、即将入水的铜币及时擒住并衔回来。这些技能听起来简直不可思议，但其中任何一种它都能在短短两天内学会。训练的步骤至关重要，第一个便是教它伸掌代表"食物"，握拳表示"不是"。所有的技能都依赖于第一次掌握，其余的则简单多了。织巢鸟是富有智慧的造巢者，它头脑发达，动作敏捷，正因为天赋异禀，具备迅速联系事物的能力，它才能掌握这些难以置信的技能。

博物学者常常借用"迷宫"来对动物进行测验。这个"迷宫"类似于汉普顿的迷宫，但简单得多。雀、椋鸟及鸽都能通过试验，且至少一个月内仍然经受得住再次测试。

我们在观察鸟聚集处理食物、建巢育儿的行为时，都有何感想呢？在很多事例中都可以观察到它们独有的天赋和能力，在此我们称为"本能"。这个词不仅专门用来指代造巢等一连串的行为，也用于描述相对简单的行动，比如运用种种方法技巧捕捉猎物等。其实，除了这一天赋，鸟类还会做其他尝试，同时将习得技能与眼前事物联系起来以作己用。在鸟类看来，光滑又汁液丰富的蝎代表着"赶上去"，毛毛虫则意味着"却步"（杜鹃除外），这些均依赖于个体的经验判断。当然，除了联想提供的帮助，还离不开父母的教授和自身的模仿。总体而言，鸟类确实富于智慧，它们通过事物间的对比做出相应的决策。

可以说，鸟类的诸多生活状态是多种不同行为混合的结果，此前我们也已试过如何分辨不同的行为。譬如，一些幼啄木鸟啄破枞树果食吃种子的行为就已经显示出了它的巧妙绝伦。乍一看我们或许将其视作本能，就如黑凫初次入水便能游泳。或者为了了解这一问题，把它视为独特神奇的智慧。上述两种看法不无道理，但其实都是错误的。据发现，雌鸟先是把枞果子带给小鸟，然后给其半破的枞果，最后才给它整个枞果。二者之间的教学过程实则是循序渐进的。

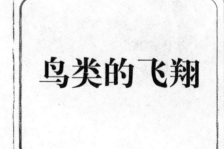

在观察飞行中的鸟时，我们可以看见它们的两翼竖立于背上。如果这只鸟是鸽子，还能毫不费力地听到其两翼的振动拍打声。起初，两翼向前向下挥动，继而稍向后，最后重又向上直至两翼相触而止。几百年来，人们常将鸟的飞行与船的划动相类比，这大体是正确的，在空气中划行的鸟，其翼与船桨功用相同。但值得注意的是，二者也存在两大区别：

第一，船始终保持漂浮状态，但鸟为了避免下坠必须持续不断拍打两翼；

第二，击拍桨时力气绝大部分是往后的，而飞鸟往后拍

打的成分微乎其微，具体而言，划船时桨利用向后的力量把水推到了后面，鸟在飞行时两翼主要是将空气击拍到下面并顺带推到后面。

为此，我们可以把鸟平日的飞行比之为游泳。往下击拍的目的是浮起来，而推到后面的空气则是助力其前行。不过，飞鸟往后的拍打远少于我们的预期。

飞翔中最艰难的莫过于利用张开的两翼往下压迫空气，鸟只有驱走身边大量的空气，才能依靠空气的抵抗力浮空前进。两翼较大者每分钟击拍次数也相对较少，相反，翼小者为了飞起来只能快速拍打。例如，鹳每分钟击拍180次，乌鸦180~240次，凫540次，雀则高达780次。不过，当鸟的速度快到一定程度时，所需精力会随之减少。

鹳

滑翔可谓是最常见的赏心悦目的飞翔了。海鸥等拥有大翼的鸟，在达到一定速度后甚至都不需要鼓翼，只见它伸展两翼滑翔着，不必击拍即可斜下滑走。海鸥飞越岩巅，在往大海进发时，如果遇上方向相反的大风，它便会停止飞翔，果断离开崖面转而上升滑翔，原理与风筝一模一样。但若无风，没有了速度与高度的支撑，滑翔便进行不下去。比如，鸽子离开鸽箱往下滑翔，接近地面就会迅速停止。鹰俯冲而下攫取小鸟也是如此，它遽然下降，假若扑空就立刻滑翔上升，不费一丝力气。因此，有时候我们眼看着鹰离地飞得很远了，但却怎么也见不到它鼓动双翼。

鸟类的迁徙

鸟类绝对称得上是最有名的迁徙动物了，它们经常离开巢居地而去往另一个栖息之处，宛如潮水一般，春来秋去，往返于南北。

一到冬天，我们就很少看见北温带内的鸟了，虽然依旧有许多麻雀、白嘴鸦、欧鸠，可绝大部分鸟类都去往温暖的南方。到了阳光明媚的春天，它们才会满怀春意地鸣叫着回来。类似的迁徙在北半球屡见不鲜。

但迁徙也划分成诸多等级。麻鹬只有在秋天才会从裸露的草原迁徙至海边低地，燕子为了度过寒冬离开英国飞往非洲极南。秋天，田凫从苏格兰北部迁徙至爱尔兰北部，后者冬季要温暖许多，弗吉尼亚的雎鸠则从北方迁至中美。产于太平洋的黄金鸟常年居住在夏威夷群岛，这里离它们原来的住处有2000英里远。它们往北飞过那一望无际的大海直到阿拉斯加，并最终将幼崽产在那里。

麻鹬

凡是北温带的鸟类都可以依据迁徙的特点划分为五组。

一是夏候鸟。这组数量极多，总是在春天去往夏季的驻扎地建巢，秋天再飞回南方。其中大部分擅长鸣叫，以虫为食，包括燕、褐雨燕、杜

鹃、夜莺等各种鸣禽。

二是冬候鸟。它们生于极北之地，数量比夏候鸟少得多，总是来英国等地寻觅乐土过冬，如从不巢居在英国的红翼燕，还有间或在苏格兰北部山上建巢的雪鸦。此外，很多北方的凫也属于冬候鸟。

三是过路的时鸟。大鹬、小鹬及有些矶鹬在飞往更南或更北之地时往往会选择暂时栖息于英国的海岸上，但这样的时鸟数量非常少。

四是数量众多的半徙鸟。它们并非全部离开栖居地，只有一部分会迁徙至别处。例如，在英国几乎每个月都可见到为数不少的田凫及金翅雀，而实际上确实已有部分田凫及金翅雀飞往他处。如果一地的鸟徙至南边，那么它们原来的居所很可能临时成为北方同类的暂居地。

田凫

五是长居鸟。它们是严格的长居者，无论如何绝不迁徙，英国的红松鸡、屋雀、河鸟及欧鸫等均属此类。

综上所述，从迁徙的角度来看，北温带的鸟可划分为夏候鸟、冬候鸟、过路的时鸟、半徙鸟及长居鸟五种。

孵卵的鸟和幼鸟都不耐热，无法忍受炎炎烈日，由此我们也容易理解为何候鸟往往会住到自己所能承受的最冷的地方。也有不少鸟类习惯于住在热带，但选择春天北迁的鸟都是为了寻一个阴凉处筑巢。人们很难见到极北之地的鸟巢中有卵，漂鹬的卵更是难得一见。

北半球的春天来临之时，向内迁徙的鸟会纷纷从南方及东南方飞来。鸣禽等业已成年的雄鸟往往最先抵达，选一棵树作为其夏季居住区域的中心点。当然，最终还是由它们的配偶选出居所。之后，成年的雌鸟联翩而至，或与雄鸟同来。幼鸟是最后过来的，因为短短一两年内它们还不具备营巢的能力。

与春季迁徙相比，秋季迁徙的步骤恰恰相反，很多时候为了尽快完成长征，都是幼鸟先行出发。大部分幼鸟未曾有过此种长途跋涉的经历，而杜鹃属于典型的个例。成年杜鹃一般会提前离开夏季生活的区域，比幼鸟预备出发的时间起码早一个月以上。它们全力以赴，任何事情都阻挡不了它们迁徙的脚步，至于幼鸟的养育则交给了草地鹨及篱笆间的麻雀等养父母，幸好有些养父母并不是候鸟。这样看来，孤立无援的幼鸟只能独自来往于南北方了。可它们又是怎样进行这场未知的旅行呢？暂时很难理解。成年杜鹃之所以急着南迁还有一个原因，它们最喜爱的食物——幼虫已经为数不多了。

杜鹃

部分鸟患有拖延症，在秋季的迁徙都要推迟很久，就像那些时常把"走"放在嘴边却又不采取实际行动的人一样。它们总是先聚集在一起，刚尝试要飞走就又住下了，这跟春季匆匆忙忙的迁徙截然不同。 奥杜邦 说："美洲的禾雀飞行不定，它们春季在夜间飞，秋季则在白天飞。"

约翰·詹姆斯·奥杜邦（1785~1851），美国著名鸟类学家、动物学家、画家，著有《美洲鸟类》《美洲的四足动物》等书。

绵延数千年的迁徙早已有规律可循。据称，印度人是以某种鸟的到来给月份命名的，古时候也有人这样描述鸟类的迁徙："空中飞行的鹳知晓其规定的到来时间，雉鸠、鹤与燕也对此严格遵守。"它们的到来与离去类似于某些地区野生植物的开花期，时间也相对固定。其实，生物的体质每到一年中特殊的时间就会变得不安定，上述两例都说明了这点，一切均与四季变换密切相关，但时间早晚与花期一样，都是由某一年、某一处、某一种特殊的气候决定。

候鸟的奇异之处一方面在于其按部就班地迁徙，而且可以年复一年地回到过去生活的地方。有证据显示，许多鸟类都和我们熟知的鹳一样遵循着上述严格的规律。为加以证明，需要在它们身上记下清晰的记号，便于观察它们来年的行踪。最稳当可靠的方法莫过于在鸟的足骨上扣一个铝质的轻环，环上印有号码或名称，断口可自由开合。鸟准备迁徙时，足骨通常已完全长成了，因此只要选择的环大小合适，并不会对它们的生活造成什么妨碍。1914年，一只褐雨燕在艾尔郡被扣了个环，1918年当它再次回到这里时，它已经到过非洲四次了，环上的地址与号码都显示了这一点。1912年，一只燕在阿伯丁郡加环，次年回来时不仅出现在同一郡同一教区内，甚至还出现在它的出生地——一座农场建筑物上。不过，也有很多迁徙的鸟类迷路，尤其暴风雨肆虐之时。但不管怎样，我们至少可以证明候鸟是能够循道返回的。毋庸置疑，它们有着神奇的"寻家"能力，与从远处返回主人家的信鸽不相上下。

到了秋天，候鸟往南或者东南迁徙时是飞往何处呢？又遵循着怎样的路径？要找出答案不外乎两种方法。

其一，向在灯塔、灯船、海岛、山中隘口上细心观察的人们打听收集信息。那些细致入微的观察者会详述所看到的情形，譬如他们在夏末的一天看到了一群往南飞的候鸟。而有关春秋两季的迁徙素材目前已经收集得差不多了。

其二，前面已提过，在鸟的足骨上扣一个铝质的轻环，并在上面标注好地址和号码。少数加环的鸟可能会遭人捕捉，通常猎取鸟的人会依照环上地址回信告知捕获的时间与地点，也因此鸟类迁徙所经过之处便慢慢被人了解了。

西奈曼博士管理着一个观鸟站，该站位于波罗的海沿岸的罗雪登。为了了解鸟类的飞行路径，他在北日耳曼的很多鹳的足骨上加环，猎取到这些鸟的人会将环纷纷寄还，并附上信息——于何时何处捕获的。其中一个环便来自中非的查德湖，于是西奈曼博士在预备的大地图上做了相应的记号。还有些环寄自青尼罗河和巴苏陀兰，他也依次加以记录。就这样，一本真实可靠的记录档案逐渐建立起来，从中我们也了解到秋天北欧的鹳鸟是由北欧至埃及，沿尼罗河流域向南前进的。当然，其他鸟类也有此类记录。虽然方法简单，但通过这种方式人们至少掌握了位于北温带的鸟在夏季的栖息地及其迁徙所经过的路径。

再看几条鸟类在欧洲的路径吧。秋季，很多鸟聚集在波罗的海南岸并在此往西飞行，若干队伍会沿着莱茵河取道南行，越过地中海，最终到达北非。其他往西行进的队伍到达黑尔戈兰岛后会选择暂作休息，抵达英格兰南部后再沿法斯兰岛、西班牙、葡萄牙的海岸线飞往地中海，接着行至北非。上述这些鸟都是南北欧直接取道南飞的，燕子就是如此。

大批鸟在东中欧聚集后，飞往亚德里亚海，沿海岸飞抵意大利南端，接着越过地中海并经由西西里到达突尼斯。有些则聚集在匈、奥及南日耳曼，它们相继飞越阿尔卑斯的南部、意大利北部，沿波河流域，或者从法、西两国的海岸线往南，或者经科西嘉及撒地尼亚越过地中海向南，或

者从巴利阿里群岛南飞，最终到达北非。

但是，我们千万别就此断定迁徙的路线是一成不变的。仅依据目前所掌握的少量情况，我们就可以确定鸟类的路径丰富无比。产自同一地区的同种鸟可以去往不同的地方过冬，因此它们的迁徙路径错综复杂。不同类的鸟差异也很大，有些鸟飞得很远，其亲族或同类根本赶不上。归根结底，所谓"目的地"，其实大多是由它们的飞行能力决定的，飞得久则去得远。秋天，有些鸟只能飞到地中海沿岸，而它们的同类很可能南飞至非洲内陆。由此我们可以看出，鸟类的迁徙路径存在着极大的伸缩性。

鹨

在船上，我们偶尔能见到密密麻麻的鸟类在云层聚集，从波浪之上的不远处掠过，宛如云烟，真乃自然界之奇观！鹨、椋鸟、画眉等鸟类有时飞得很低，但大部分鸟从不这样。不远不近的当属我们常见的美妙的V字形雁阵了，一到春天，它们就会往北迁徙。

在此我们尤其要感谢飞行家们耐心细致的观察，正是有了他们的记录，我们才知道大部分候鸟飞行的高度都低于1300英尺，3000英尺以上的寥寥无几。

雁、鹤、鹳都飞得很高，据有鸟类学经验的飞行家记录：

一只燕飞行的高度为1000英尺，另一只燕1400英尺，一群白嘴鸦1650英尺，两只鹳及一只秃鹫2800英尺，一群鹤4500英尺，一只鹨1000英尺，另一只鹨6000英尺。

秃鹫翱翔蓝天时飞得很高，无鸟可及，不过它们单独飞行的高度与迁徙没有什么关系。一般的鸟飞到一定高度就会呼吸不畅，比哺乳动物感觉更为灵敏。

在提到候鸟飞行的高度和速度时，人们往往有些夸大其词。据测算，信鸽飞4小时速度为每小时55英里，而大部分候鸟基本都能达到每分钟0.5英里的速度。

如果我们以电话两站间的距离为参照，通过仔细估算可得出以下数据：

乌鸦的飞行速度为每小时30英里，金翅雀32英里，隼37英里，椋鸟46英里。

在顺风的情况下，急速飞行的鹬每分钟可飞1英里左右，其他鸟大都也能达到该速度，不过平时要慢很多。速度越快往往越容易飞。比如，一般的飞鸟在飞越海湾时不会歇息片刻。即便如鹳一样多力健飞的鸟，也不愿太过劳累，飞行过久。秋季日飞125英里，春季日飞250英里已接近极限，鸟类每天飞行基本不会超过6小时。据说，一只黑凫可连续两日飞行，且每天飞行160英里；一只山鹬一夜间竟然飞了250～300英里；雎鸠一日内能飞11小时，距离长达550英里；做了记号的欧鸲以平均每天约32英里的速度，连续22天共飞了700英里。这与流传的故事大相径庭，传闻一只乌鸦用3小时飞了375英里横渡北海，蓝喉雀则据传以每小时200余英里的速度一夜间飞了9小时，从埃及飞抵黑尔戈兰岛。然而，根据最新的观察结果，上述故事完全不具有真实性。若说大部分候鸟每小时飞30～40英里，连续飞上几小时还是正常的。一旦遭遇逆风，由于耗费的力气加大，飞行的速度必然迅速降低。骑过自行车的人应该对此感受更为深刻，逆风骑行不仅难以提速，而且极其疲累。

在夏季与冬季的两个居所间来回迁徙是如何发端的呢？关于这个难

题，我们或许可以从频繁的气候变动中寻找到部分答案。北欧曾经很长一段时间内气候温暖，那里还有棕榈与木兰的残留物。在温暖期，英国等地区生活的鸟类名单远比现在长，格陵兰或格林尼治的情况也无甚区别。随着气候变冷，到冰川时期，北方白雪皑皑，处处都是冰川，到了严寒时节，大部分鸟类已经受不住只能往南方飞去。物竞天择，适者生存，迟钝木讷又不识时变的惨遭淘汰，中途迷路无法抵达南方的也只能走向灭绝，只有聪慧灵敏的鸟才能在这场没有硝烟的战争中获胜，延续生命和种族。

夏天来临，冰雪融化，万物舒展，鸟儿纷纷飞回山谷去享受浆果与蚊蚋，就像那些每年夏天雷打不动地飞到斯堪的纳维亚北部的鸟一样。然而，环境每况愈下，就拿英国来说，几乎整个国家都被埋在了冰雪之中。穴狮、穴熊、猛犸及毛犀牛等本来安居于英国的哺乳动物也都杳无踪迹，不是冻死就是逃往了南方。如此残酷的冰川时代共经历了四次，幸好还有三次是相对温暖的间冰期。我们据此得出结论，有些候鸟可能正是在远古时期学会了迁徙的技能。当然，这种习惯的形成远不是经过一番深思熟虑才缓缓不自觉地开始，鸟类不会因为冰块逼近家园而冥思苦想。与其他动物类似，鸟类也会做试验，那些成功存活的往往是秋季开始感到痛苦而选择尝试南飞的。慢慢地，这种试验已成为鸟类的习俗并深深植根于它们的身体。虽然这有些不可思议，但可以确定的是，鸟类也要为自己的明天筹谋。

不说几十万年前的冰川时代，单就我们熟知的四季轮回来说，冬季天寒地冻，日照不足，果实、种子、昆虫、黑蛞蝓都很匮乏。如何熬过漫长的严冬，成为许多动物面临的最现实的难题，而迁徙则可以彻底解决这一问题。因此，以上算得上迁徙起源的理由之一。其实，我

蛞蝓

们只要了解那些并非绝对需要也会迁徙的半迁徙的鸟，就知道这种说法是完全站得住脚的。

此外，有些鸟类共有一个或者两个家园，夏末的迁徙便与此有关。嗷嗷待哺者愈多，食物就愈少，种群数量超载的趋势也越发明显，迁徙即成了有效的解决办法。综上而言，鸟类的迁徙基本上是源于气候变化、恶劣寒冬和过度繁殖。

鸟类迁徙是代代遗传的结果。换言之，迁徙的冲动与能力乃鸟类天赋。不可否认，它们既可以从邻居那里得到暗示，也可以求助于自己敏锐灵活的感觉和脑筋，但大体而论，它们成功地适应了环境是天赋所赐，而非如旅行家一样得益于经验。

我曾细心观察过笼居鸟，虽然被人类照顾得无微不至，生活极其安逸，但一到迁徙季节，它们就表现得心神不定。很显然，它们依旧被例行的常规束缚着，且此种不安定是由笼居鸟（从未旅行过也不知有冬天）的本能决定的。不过，鸟类的不安定也有可能是因为受到某些邻居的影响。

一次，为了试验黑头鸥离开父母、朋友的帮助是否可以独立生活，我在实验室中用孵卵器养了几只。虽然只有几个所谓的人类义父母在旁，它们依旧茁壮成长。打一出生，它们就能辨别对其有益之物，无论我怎么引诱，它们都不会去沾纸或烟草等无用的东西。每到迁徙的季节，它们都表现得很急切，跃跃欲试。尤其当它们的同类要离开阿伯丁飞往南方温暖之地，越过实验室的草场和它们的头顶时，它们表现得更为关切。因此，我认为幼鸥脑中的记忆机关是被同类的声影所触动的。有一天，它们飞了起来，离开了一直以来生活和热爱的园子，与同伴一起开启了未知而危险的长途旅行。

秋季，鸟类受到的外界暗示是极为广泛的，毕竟生存环境在持续恶化，不舒适的感觉日益明显。那么，又是什么驱使飞鸟离开冬季寻觅的舒适窝，转而一路向北做长途旅行呢？这个问题不容易回答。夏季的高温、干旱和强烈的日光照射或许是其中的原因。

我们可以看到，鸟类在迁徙途中数量总呈下降趋势。一些鸟在飞越茫茫大海时因突遭风雨而迷途，毫无目的地飞行逐渐耗尽全力，最终淹没在大海里。春天来临，我们常看见往北长征的小鸟飞抵英格兰西南的康沃尔，彼时状态已经非常疲惫了。

在极寒天气的猛烈袭击下，部分鸟会惨遭冻死，小镇的街道上常散落着成百只僵死的鸟。有些则在夜间灯塔的吸引下撞上玻璃窗，还有些则不幸成为老鹰等猛禽的食物。以上种种意外都真实存在，但不管怎样都阻挡不了浩大队伍的迁徙。最终它们抵达目的地，安然无虞地完成了全部旅程，第二年春天依旧如此。可它们是如何获取行进路径的呢？我们又有什么有价值的发现？

不可否认，其中一些鸟类是沿海岸线、河流、山脉及连绵的岛屿飞行的。据一位观察者描述，他曾看到一大群候鸟从大陆往距离最近的岛上飞，这便是跨海飞行的第一步。一旦起雾，岛屿隐藏不见，候鸟就会转而沿海岸线飞行。多年前的一个秋日，我去黑尔戈兰岛上兴致勃勃地游玩，突然看见一群群鸟飞过来，它们要么停下歇息，要么安睡了一整晚，第二天才继续接下来的旅程。之后，宛如后浪推前浪一般，鸟儿一群又一群蜂拥而来。但我也不能就此认定鸟是完全凭借其利用标志的能力才选择路途的，因为很多鸟不仅会在晚上飞行，还会在无际的大海上飞行，即便白天旅行也总有些东西是无法看见的。

我们不妨猜想一下，鸟类将经验代代相传，那么那些在黑暗的高空中飞行，越过茫茫大海的鸟究竟拥有什么经验？这很难了解。

至于如何将候鸟的成功飞行经验转化为习俗，同样困难重重。在时间的锤炼下，连年成功抵达目的地的鸟或许有资格成为有力的领导者。但这也仅限于一个有趣的见解，即便包含有若干理由也算不上真正的真理，因为此前我们就已见识过，幼鸟总是在其父母出发前就飞往了南方。更大的困难还在于，很难说明这些所谓的习俗究竟建立在什么基础上。阿尔卑斯山的征服者在将爬山秘诀传授给徒弟或儿子时，他们也许会直言："你们到达峭壁壁角时要在上面爬行50英尺。"这个我们很容易理解，就算他们不会说话，传授也是可行的，因为除了言传外还可身教，大可以通过演示将经验代代相传。但鸟类的迁徙有时候是在漆黑的夜里，不仅高飞还要穿越茫茫大海，这又是依靠什么才使习俗得以传给后代呢？

目前，除了用鸟类具有方向感这种古老有趣的说法解释外，别无他法。对幼鸟而言，冬季往南迁徙的目的地完全是未知之地，我们不知道它们是如何顺利抵达，也不清楚次年它们是怎样回到北方原来的诞生地的。想要逐个破解，去比较相类似的事实——人类及哺乳动物表现出来的从异地寻路回乡的能力，还是大有用处的。即便是研究信鸽，也有助于解释普通的迁徙。但有一点，信鸽的技能离不开对鸽种的精心选择和主人的耐心训练。

一开始，主人会选择较短的距离教信鸽如何归家，方向也不会改变。对于没有能力继续训练的信鸽则提前予以终止，这一部分占比很大。而善于学习的信鸽，基本能在一年后具备从离家200英里的地点觅路归家的技能。一只训练过

关的信鸽在500英里内往来是完全不在话下的，优秀者还能创造更高的纪录。譬如，有只鸽在一天内用18.25小时飞了634英里，还有一只美洲的鸽，包括夜间休息时间在内，35.5小时飞了1010英里。因此，距离越远，花费的时间也相对越多，但并非完全是按比例增加的，两天能飞到的距离说不定要花费一周的时间才能抵达。这也意味着，信鸽要耗费很多工夫寻找陆上的记号，此时敏锐的视觉和对地形的记忆力能助它们一臂之力。鸽往往不在夜间飞行，一旦遇上大雾天气很容易被困，这一点也可印证上述所说。在被放飞后，它们会往上飞，一直飞到很高处再兜一个圈，这一举动像极了遭遇困难而进行的特种侦察。

当然，成功者固然多，失败者也不少。在一次从罗马到德比（英格兰的郡名）距离约1000英里的著名飞行中，放飞的106只信鸽只有2只成功寻路归家，其中一只所花费的时间竟然长达23天。由此可见，在发现记忆中的标志前，它们已经做了多个方向的飞行尝试。

北极的鸟类

在列举生活于北冰洋的鸟类时，只有把那些每年均回到峭壁与小岛繁殖的鸟归纳在内，才算完整。少部分鸟常年栖居在冰冻的海岸上，一年中有好几个月食

物匮乏，只够勉强维持生存。海鸥与管鼻
鹱适应能力相对较强，在哪里都可以生
活下去。

管鼻鹱

5月，坚冰逐渐消融，大群鸟类也开
始北飞了。棉鸥回来时间最晚，因为只有
在连接小岛的冰完全融化后，它们才能彻底
规避被北极狐掠食的风险。鸟儿将小岛团团围
住，将其变成严密的"殖民地"，在迁徙前的这段时
间里生儿育女。它们的食物相当丰富易得，只要潮落，岸滩上就会留下大
量软体动物，足够海岸边的鸟饱餐一顿。但在水平线之上就没什么可吃的
东西了，因为岩石已被冰块摩擦得非常光滑。

北极海滨岩栖鸟不计其数，这是当地的一大特色，而游水鸟与潜水鸟

的生活主要依赖海洋而不是海
滨。另外，也不是所有的高岩或
岩石的小岛都适合鸟居住，宜居
地必须拥有充分的日光，同时又
能避免肉食动物和烈风的侵袭。
因此，但凡具备以上两个条件
的高岩或岩石，立马就会被鸟团
团围住，占据者以刀嘴鸟、海鸥
及小海雀为主。如果还有洞穴的

海鸥

话，善知鸟也会来凑热闹。鸟昼夜不息地捕捉小鱼来喂食幼雏，即便是月
明星稀的夜晚，大多数鸟也是劳作不止，它们的睡眠时间都非常少。

在丰富食物的滋养下，幼鸟健康成长，发育速度很快，只是偶尔会飞
来横祸，例如被贼鸥攫掠。8月的时候，幼鸟已经可以旅行了，它们和父

117

母亲一起飞到气候温暖的南方度过寒冬，等天气回暖了再北飞回来。短短几个月内，爱情和劳作成了它们生活的主旋律，也是一年中的顶点。

北极有一种特有的鸟——小海雀。这种鸟有趣极了，它们的近亲就是已经灭绝的大海雀。一个岩石的凸出处伸入深水，南面可遮蔽的一面正好

小海雀

有一个便于观察的位置。一个风和日丽的冬天，我安静地坐着，过了好一会儿才看到小海雀。只见在我脚可触及的地方，一只小海雀慢慢悠悠地绕着石角游泳，像极了在池塘中划水的水鹨鹛。这真是一只美丽动人的鸟，黑白两色分明的羽毛一尘不染，身长不过6英寸，蹼足短尾，一对淡褐色的眼睛非常明亮。

这种鸟虽然身形迷你，但颇有股勇猛果敢的精神。它嗜食海里的甲壳类小生物，已经习惯了身处北极艰苦恶劣的环境。幼鸟颜色墨黑，可以很好地隐藏于斯匹茨卑尔根岛的岩穴中，两颊涂抹着红色的腮红，其实那是海藻的碎片。成年鸟兢兢业业地为幼鸟搜寻食物，它们生性活泼，可以像善知鸟一样在水上翱翔。风暴来临时，离海岸20英里处偶尔会发现小海雀的尸体，可能情急之下，它们慌不择路便开始四散乱飞。

潜鸟

到了12月，去河口观察鸟类比较无趣。不过要是潜鸟到场，那就另说了，因为它们可是冬天里我们最期盼的鸟了。虽然并不

潜鸟

是天天见面，但连续几个星期的时间还是能轻松见到它们的身影。每逢气候恶劣，潜鸟无法进入海中，这时便能经常见到它们。为了躲避风浪，它们会飞到风平浪静的河口休息，这里鱼很多，为它们提供了充足的食物。一般而言，海鸟们面临的最大危险莫过于食物的匮乏了，海上接二连三的暴风雨易把上层的鱼送入触不可及的深水中，海鸟掠取日常食物变得相当困难。在忍饥挨饿几天后，它们变得瘦骨嶙峋，再无力抵挡海上的暴风骤雨。

潜鸟勇敢无畏。北方水面上多狂风暴雨，它们也能泰然处之。让我开心的是，它们不仅喜欢来河口休息，有很多潜鸟还喜欢去内湖享受冬季的休闲时光。河

红喉潜鸟

口较为常见的是红喉潜鸟，这种鸟虽算不上明媚动人，但看起来小巧优雅。

潜鸟可谓真正的古代生物，世系年代久远。其远祖大黄昏鸟已经灭绝，约5英尺长，无翼有齿脑袋很小。数百万年前的白垩纪，这种潜水鸟也曾在海上猎取鱼类。它遒劲有力的后足在陆地上无甚用处，但在水里起着举足轻重的作用，很适宜快速游泳和深潜。

潜鸟游泳和潜水的本领高强，没有任何动物可与其匹敌，这值得我们注意。虽然它们无法在陆地上飞奔，且离开水面也不得不借用游泳或波浪的动力，两翼做快速的振拍，但它具备高空长时间持续飞行的能力。它们在空中飞翔的形状很独特，又长又粗的颈向前突出，双翼往后，看起来卖力极了。这种姿态不禁让人想起早已灭绝的飞龙或翼手龙，总之完全不像近代鸟的飞行。

潜鸟潜水就像是在翻跟头，尤为急促，几乎没人能看清楚它们的动

作。只见它们在空中飞速下降后，头部便直接潜入水中。在有力后足的助

鹏鹉

力下，游泳与潜水对它们而言易如反掌。当然，两翼也能在水中起到些作用。它们膝节处有块向上凸起的骨头，非常奇特，有力的肌肉附着于上起附加的杠杆作用，这样在游泳与潜水时划拨便能用上力了。有意思的是，鹏鹉与黄昏鸟也有类似的膝部组织，其功用也大同小异。

萨克斯比曾提到过潜鸟的力量。只要在潜鸟脚上绑一条绳索，它就能拖动一艘13英尺长的挪威松造的轻舟，并可坚持数分钟，虽然它也许会因此受点小伤。

在暴风雨来临时，潜鸟的表现可有趣了。最诡异的莫过于它缓缓沉入水中的样子，完全不似之前急速猛烈的潜水。每每潜水时，它宛如一艘要沉没的船径直往下沉，一眨眼的工夫就只看得到头了。我想弄清楚这技巧究竟是如何练成的。缓慢入水后有时候它又开始潜水，还能一如往常地进行决斗。大体而言，它会没在水中两三分钟，但也无法确定它是否每隔数秒钟就将头伸出水面。

在所有海鸟中，潜鸟绝对称得上婀娜多姿、明艳动人。它黑色的背部间或点缀着四角形的白点，花纹宛如棋盘格，腹部则是白色。它的喉部随季节而变化，夏季呈黑色，前面两条横的白纹间夹杂着黑纹，冬季前面又变成了白色。到了繁殖期，它身上的黑色泛着一种不可名状的金属光泽，嘴也闪现着高贵的深蓝色，此外还有黛青色的足和深红色的虹膜。潜鸟雌雄分别不大，一样美丽动人。

　　在英国，潜鸟是典型的冬候鸟，它真正的目的地是地中海等更远的南方。春天气候转暖，它们便重飞回北方，既不在英国繁育，也不在离冰洲近距离处繁殖。极北端的格陵兰、出产兽皮的地方以及亚洲北方的海边才是它们真正的家乡。潜鸟的叫声充满了北方特有的忧郁，但遗憾的是，我们不曾听过它们美妙的鸣音与恋爱时的呼唤声。它们筑巢一般会选在淡水湖边，毕竟陆上并非其擅长的区域。两枚微褐色的卵躺在巢里，经过约1个月的孵卵期，雌雄鸟将卵共同孵化。小鸟出生几小时后就能入水游泳、潜水、捕鱼，这些技能充分显示出了不可多得的天赋与本能。不过，一旦在陆上行走，小鸟那如蛙一般跳跃的拙劣表现还远甚于它们的父母。这很容易理解，幼小的动物行事作风往往非常接近其祖先。

　　鸟类筑巢往往会选择所往来的最寒冷处。譬如，潜鸟在冰洲和格陵兰筑巢，小海雀于新地岛筑巢，雪鸦也会选择在同一地区，此外还有法罗群岛（在北大西洋）、北斯堪的纳维亚与俄罗斯北部。不过，雪鸦有时候也会在凯恩戈姆等处的碎石堆中筑巢，这纯属例外。综上所述，这三种鸟（包括其他，如某些潜水的凫类）像秋季南飞的夏候鸟一样，它们属于北飞的夏候鸟，海滨成为它们理想的冬季栖息处。

南极的鸟类

　　让我们把目光从北极转至南极，所见到的情形将大不一样。北极被陆地包围，但归根结底是大洋，南极则是彻彻底底的大洲。这片独特的土地终年被冰雪

覆盖，银装素裹，高等植物无法在此生存，只有少许苔藓、地衣和潜藏其间的罕见的瘦小昆虫及无脊椎动物。

昆虫寥寥无几，自然就没什么鸟类；没有草和开花的植物，自然没有食草动物；而没有食草动物，自然也就没有以其为生的肉食动物。于是，在这茫茫的面积相当于欧澳两大洲之和的大地上，一只哺乳动物也没有。

气候的不同造成了南北极动植物生活的显著差异。每年中相同的纬度，二者气候的平均值相差无几。然而，南极的冷暖区分并不明显，冬天不怎么冷，夏天也不怎么暖和，气候终年平淡无奇，难以达到植物生长所需温度。此外，连绵不断的寒风时时袭来，再加之阳光无法穿透终年弥漫的云雾，都导致了南极洲永久荒凉封闭，为冰雪所困。

鞘喙鸟

与陆地相比，海中的情况截然不同，众多的小动物、植物等有机体漂浮在南极洋面上，仿若来到了北极。有机体是食物链的第一环，高等动物就是依靠甲壳动物、小鱼等食物才得以生存下去。

这里没有陆上鸟栖息，只有一种外来的候鸟——鞘喙鸟。夏季，部分海滨或峭壁冰雪消融，不计其数的海鸟成群结队来此居住。作为南极特有的大贼鸥，斯克阿鸥以其他鸟（如鸥、燕鸥）的卵或小鸟为食。鸬鹚在此也较为常见，不过最多的还属海燕及企鹅。

海燕种类繁多，它们通常将巢筑在峭壁的最高处。

海燕

南极各处都居住有娇小玲珑的雪海燕，因此早期探险家往往将它们的巢穴作为接近大冰堆的标记。巨海燕与大多数同科类似，是标准的海鸟，总被水手们称作"耐丽"或"臭鸟"。无论吃饭还是休息、睡眠，它们都在海上，仅到了繁殖期才会飞到陆地上度过几周。论起飞行能力，它们非同一般，为了获取鲸的脂肪和废弃物，它们经常跟随捕鲸船出海飞行。

企鹅绝对称得上南极鸟类中最与众不同的存在了，即便放在全世界也独树一帜。它们的短翼，透着油光、紧贴的黑白羽毛，还有那挺立的坐姿，与海鸥、刀嘴鸟和其他北方的海鸟略有相似，但其构造完全不同。

企鹅不能飞，那鳍状的短翼覆盖着小片的鳞一样的羽毛，除了肩关节部分，其他是无法活动的，但在游泳或潜水时可以如船桨一般做旋转运动。

在陆地上行走的企鹅憨态可掬，笨拙极了。由于腿上的皮一直包到足部，身体又上重下轻，所以它走起路来步履

企鹅

蹒跚，好似一个胖胖的小娃娃。企鹅走路的速度为一分钟130步，一步约6英寸，每小时行进距离仅0.66英里。它总是昂首挺胸，频频张开双翼，双脚形同推进器，远远看去翅膀就像在水中一般。说起企鹅仓皇逃走的样子，估计没有动物比得上。只见它伸长头颈，翅膀如风车上的帆一样扇动着，而身体就像捆了一大袋东西似的一下往左一下往右。由于足部较短，它总是摔倒，但为了迅速逃跑也顾不上了。笼罩在忧愁中的企鹅就这么屡

跌屡起，屡败屡战，最后终于侥幸逃走。但它的成功可不是仰仗于自己的快跑能力，完全是因为追逐者见状不禁失声发笑，从而忘记了追赶。

水中的企鹅非常调皮活泼，它们拍动两翼游泳，双足只作舵用。下水前，它们会吸满空气，继而潜入10英尺的深处捕鱼，并在水下一口吞掉。回到水面后，它们便往一边侧倒。这种气氛非常欢乐轻快，它们嬉戏着，先用一只翅膀击水扭着前进，游一会儿再侧到另一旁改用另外一只翅膀。

关于企鹅的生殖情况，去特拉诺瓦探险的利维克博士进行了全面而详细的记录：

企鹅在10月中旬左右陆续来到大陆，一开始两三只而已，随后越来越多。到10月底，有七八十万只企鹅集聚于此。顺利登陆后，雌企鹅要么去寻觅旧巢栖身，要么另掘新穴静待守候。雄企鹅在经历了长途跋涉的辛苦后，有些疲惫不堪，不久后状态稍恢复了才开始求偶。而雌企鹅，兴许是精神尚未恢复，因此在竞争者纷纷涌现前对雄企鹅的示好没太大反应。为了赢得欢心，接下来自然是两雄相争勇者胜，只见它们昂首挺胸步步紧逼，用短翼互相攻击，到这时一旁观战的雌企鹅才总算表示出了一点关切。不过，战斗没有想象中激烈，虽然偶尔会有流血事件，但没有哪只雄企鹅最后会因此战死。

胜利的一方需要花费约3天时间来保护巢穴、驱逐情敌。10月末，企鹅们已基本上成双成对地享受家庭生活了。它们纷纷待在巢穴中固守着，过着没有食物的日子，直到产卵后，其中一只才离开去往海上寻食，数日后带着食物回来喂养配偶。企鹅轮流守护着刚出生的小企鹅和巢穴，并轮番出去觅食。成功回巢的企鹅一到巢中便大张着口喂食，小鸟们伸长身体去双亲口中取食糠虾，这种常见的虾类甲壳动物就是它们主要的食物来源。

雌企鹅一般都会与世无争地静静待在巢中，雄企鹅则没那么安分了，总是禁不住外面的诱惑，时不时就要与其他雄企鹅争斗一番。这样的打斗对群居生活损害较大，因此伏卧在巢的雌企鹅常常要想方设法地去呼叫劝告。但总体而言，它们的生活还是非常快活的。

等小企鹅慢慢长大了，它们的父母就会去海上嬉戏游玩，逗留时间也越来越长。嬉戏、滑行、潜水都是它们的最爱，从水中一跃而起后，一群企鹅站到了浮冰上，任凭浮冰漂流，等过一会儿再从浮冰上跳下游回原处，接着再择另一块浮冰漂流，如此循环往复，乐此不疲。暂无法独立的小企鹅们则聚集在寄养所中，由稳当的老企鹅负责防御贼鸥，提供保护。老企鹅们玩尽兴了就会回"托儿所"看看，给自己的孩子带点食物。即将离开繁衍地时，它们会在冰上按部就班地整日运动操练，一练就是几个小时。这也是准备过渡期——每年秋季北征到冬季栖居地，很快它们便会在风雪交加中离开，直至第二年春天才会回来。

企鹅的生活其实非常斑斓多彩，例如它们不能飞翔但极善群居，酷爱嬉戏、游泳、潜水、爬高及滑行，它们别具一格的母爱，它们南迁并繁殖于南极洲上以及冬季在大海中的住处，等等。值得注意的是，虽然冬夏两季的居住地都艰苦异常，但它们都能努力适应。作为鸟类的一员，即便不幸失去了飞行的能力，依然能卓有成效地维持生存，这比因此而灭绝的大

海雀要坚强得多。如若不是人类丧心病狂的迫害，企鹅的数量绝对会比现在多得多。大自然周而复始、生生不息的魔力始终澎湃着，也目睹了动物们在危险中挣扎求生，奋斗着走向成功。

第十二章
爬行动物的
生活状态

爬行动物、两栖动物和鱼类均是变温动物，体温与其所处环境的温度相当。相对于鸟类和哺乳动物，它们更受制于环境。此外，从身体大小比例看，它们的脑部较小，智力也不如鸟类和哺乳动物发达，因此我们不能期待过高，将其和高等脊椎动物相提并论。

爬行动物并非具备什么与众不同的奇特感觉。蛇高度依赖触觉，它那抽动的叉形舌能以很快的频率伸进伸出，所以不管做何尝试，它都会使用繁忙的伸缩不息的舌尖。爬行动物的视觉极其锐利，我们不妨看看变色龙是如何做到准确无误地审度远近。有时候，相隔尚有7英寸远，它就能迅速吐出长长的舌尖攻击小虫。与此同时，舌端胀得像粗棍一样，还黏糊糊的。

很多爬行动物听觉也很灵敏，马达加斯加鳄就是其中之一。雌鳄喜欢将自己鹅卵般的卵埋在热沙里。它通常埋得比较深，距地面可达2英尺，每巢约有20～30枚卵。在这种环境下孵化确有不便，不过12周以后，小鳄将要出壳的时候就会发出打嗝一样的声音。常卧在其上的雌鳄很快反应过来，出壳的时候到了。于是，它立即全力挖开泥土，好让刚孵出的小鳄出来，而不至于被活埋。

马达加斯加鳄

有个博物学家曾试着通过筑篱的方式把巢围起来，但最终还是被雌鳄毁坏了一部分。他又建了个更结实牢靠的篱笆，雌鳄灵机一动，改在篱笆下挖掘了一个沟，在自己不进去的情况下再次把孩子救了出来，然后将其带到了水里。为了深入了解，博物学家在雌鳄房间的箱子里放了若干个鳄卵，箱子上覆盖有2英尺厚的沙。雌鳄每每经过会拍拍箱子，里面的小鳄就会发出"唑唑"的声音。即便完全不明白那些动作意味着什么，但它们很可能听得出是来自它们的母亲。

小鳄的上颚端长有一个专用于钻破卵壳的"卵齿"，差不多两周大时，其就会自然脱落。更神奇的是，刚孵出来的小鳄远远大于卵壳的尺寸。卵长不过3英寸多一点，产出的小鳄却长达11英寸，这真是不可思议。虽然在卵里时小鳄是蜷缩的，可就算是这样，小小的卵壳又如何容纳得了？

我们前面已叙述过，小鳄会本能地发出声音。换言之，它凭天赋就能轻易地发出信号，不需要任何练习，也不需要明白这一举动的意义。爬行动物不乏本能的行为举止。以美洲的软壳龟为例，作为一名游泳健将，它能来去自如地在淡水藻里捕食蝲蛄和昆虫的幼虫。即使在陆地上，它也很习惯于爬行的生活，连人都追不上它。它尤其喜欢卧于浮木上悠闲地晒着太阳，因此就算危险突然降临，也不会对它有什么威胁。初冬时节，它便在软泥里来回摆动着好让自己沉下去，一直沉到霜线以下，在此之后它会一直静静地待在那儿长达数月之久。

蝲蛄

雌龟总是小心翼翼地选择产卵的地方。首先它会在地上掘一个洞，将卵产在洞内，上面覆着湿土，接着在这一层再产些卵，用土牢牢地盖实。

129

如果产卵时受到惊扰，它一定会在离开前想方设法将产卵地掩埋严实。几乎所有的龟都是这样循例处理，这就是它们的本能。

不过，若论起爬行动物如何学习简单的事情，情形便大不一样了。

约克斯教授通过研究细斑龟得出了一个很有意思的结论。它嗜好伏在黑暗的秘密角落里，这是一种本能，所以它不找到类似的地方誓不罢休。教授使用了一个巧妙绝伦的方法。我们都知道，细斑龟非常喜欢居住在阴暗潮湿的湿草堆里，于是他在巢穴外的路上设计了一个迷宫，逼得龟不得不在此通过才能回到家。迷宫箱子约长1码，板将其隔成了四部分，各部分之间都设计了合适的门以方便往来。果不其然，回家途中的龟一进入迷宫就找不着北了，来回折腾了半小时依然不得要领，但到最后居然幸运地走通了。两小时后，教授又让它重复了一次试验。到了第三次，龟仅花了15分钟就顺利回到巢穴，它明显已经缩短了在迷宫中徘徊的时间。

之后，约克斯教授每过两小时就让它试验一次：第四次，龟用了5分钟；第五次，仅用了3.5分钟，且从这一次开始它所走的路线要比以前规则；第十次，仅用了3分5秒，且只在转弯时犯了两个小错误；第二十次，45秒钟；第三十次，40秒钟；第五十次，35秒钟。尤其在第三十、第五十两次的试验当中，龟的行进路线非常直接，显然这门功课它已经学会了。

我们不需要就此认定龟智商超群，但它确实能在实践中积累经验且受益匪浅。也许它学习走出迷宫的方式和我们学会棒球没什么区别，慢慢地它就不再做徒劳无益的动作了。

刚孵化出来的鳄会咬人手指，这不过是一种"反射"的本能行为，并非天资聪颖。这就好比我们在看见石头朝自己扔过来时，会不自觉地闭上眼睛。在一片漆黑中，新孵出的龟能径直走到水里，即便你故意把它的头揪向其他方向，它也能自动修正。但这只是与生俱来的本能，如飞蛾被烛焰吸引一样，与智慧无关。在茫茫的一望无际的大海里，以鱼为食的龟每年都会循路去到同一个沙岛。对于这样的"回家"行为我们不甚了解，但至少可以确定这绝非智慧行为。"回家"的举动应该与记忆力有关，蛇也是如此，我曾看见它即使已离开原住地六周，依然记得原来的路。

美洲有一种巨大的蜥蜴——鬣蜥，平日里温文尔雅，可一旦涉及雌蜥的安全就会勃然大怒。这放在人类身上，也称得上是胆量十足。也许，爬行动物心里的诸多感情是远超我们想象的，智慧亦是如此，我们不妨在蛇身上研究一下这个问题。

鬣蜥

在很多人眼里，蛇是智慧的代表，但实际上并没有充足的证据加以证明。它们没有四肢，看起来稀奇古怪，在行动、捕食、进攻、逃避等方面显得出类拔

蛇

131

萃，但是否真的智慧聪敏还难以定论。毕竟它们所有的行为都不过是本能的表现，只能对付一些简单浅显的日常问题而已。此外，也没有确证证明其具有创造力，所以它们的智慧很可能差强人意。我们须谨记，若一种动物的禀赋足以让其在生活中战胜大部分困难，那就不能称其为悟性了。很少有动物能具备高于本能的智慧。

眼镜蛇

以莱亚德讲述过的一个锡兰眼镜蛇的故事为例。这条眼镜蛇曾探头入洞，吞食了一只蟾蜍，无奈洞口过于狭窄，而它的头部由于一口吞食涨大了不少，无法再顺利缩回，于是无可奈何地将想逃生的蟾蜍吐了出来。蛇肯定不愿放弃到嘴的东西，它不甘心地又一次含住了蟾蜍，并竭尽全力想要脱身，可最后还是不得不放弃。经此一战，它得到了一个教训，改换成咬蟾蜍的腿，终于大获全胜拉出了猎物并将其吞食。

用"大获全胜"来形容颇有点"将畜比作人"的意思，但很容易想象眼镜蛇此刻的心情有多么激动。若照例再试一次，它肯定可以得到更满意的结果。如果眼镜蛇第二次吞食蟾蜍时，会先咬住一条腿，那兴许可以判定它是富有学习智慧的，因为初次的成功很可能只是运气的结果。

至于感觉，前面曾说过它多依靠那条做触角用的来回伸缩的舌。蛇有着发育良好的眼睛，但缺乏缩肌。不过，它在阻碍物之中爬行时眼睛不会有什么危险，因为眼睛前面还盖有一整片透光的膜。蛇没有耳鼓，因此在生活中听觉于它们很可能无足轻重。

为何很多人都将蛇视作聪慧机警的动物呢？最主要的原因是，普通人对蛇抱有敬畏之心。一般人怕蛇，一方面是因为觉得其运动轨迹难以捉摸，另一方面则是蛇常置人于死地。很早以前，蛇就被当成地上魅力的象征。原始人都笃信，凡是有象征意义的动物都具备其所象征的品性或才能。循例沿袭下来，人们便断定蛇是陆地上最狡猾的动物。看起来普普通通的动物却被当作智慧的化身，这也太夸大其词了。

有关蛇的故事比比皆是，比如我们反复听人提起，为救小蛇脱险，母蛇会暂且将孩子吞入肚中。但这只是故事而已，因为从来没有被证实过。观察者有时候把蛇杀死后会对其进行解剖，剖开后一看见小蛇便武断地判定母蛇是为了救小蛇才权且将其吞进去，而不细想有些蛇是否是胎生而非卵生。不过话说回来，在生育期，一些雄鱼和雄蛙也习惯于把卵和雏藏在嘴里，因此我们不能轻率地否定这类故事的真实性，只能说这类事情发生的可能性很低。

大多数人都相信音乐对蛇的影响很大，印度弄蛇人就是借此驯服它们并将其带入篮子里。这个说法也站不住脚，毕竟我们总能看到那些被拔去毒牙的眼镜蛇，任由弄蛇人摆布，而毫无抵抗之力。

有些蛇在突逢绝境时会装死，但这并非主观行为而是反射作用。像狐狸那样真正聪明伶俐的动物，能学负鼠装死，而蛇在这方面的技艺相形见绌。经验丰富的博物学家对于蛇的行为已经见怪不怪了。新英格兰有一种极为普通的猪鼻蛇，如果倒提着它的尾巴，它便像一条绳子一样直挺挺地垂直下来。

猪鼻蛇

霍纳迪博士解释道：

蛇当然会千方百计脱身，且总能轻易地从毫无经验的人手中溜走。

不得不承认这种神奇的反应最终挽救了蛇的性命，但我们无法确证这一伎俩有多么聪敏。

身为纽约动物园的董事，霍纳迪博士对于蛇等各类动物都有着丰富经验，他也认为蛇的智慧是有限的。他在所著的《野生动物的心理和行为》一书中谈到了蛇具备"敏锐的智慧和推理能力"。霍纳迪博士坚信，"没有任何动物是不能应付新环境的，尤其在大祸将至时它们必定能设法自我保护"。我们都承认蛇自有其方法，但所谓的智慧和灵活性也不能和"智力"相提并论，毕竟后者包含判断推究。

霍纳迪博士曾这样叙述自己的经验：

> 我相信，在所有的脊椎动物当中，只有蛇我们知之最少，然而误解却最多。人们都抨击蛇好勇斗狠，其实完全不切实际，另外我们也太低估了它们的知识。
>
> 斜格纹蟒蛇有32英尺长，从新加坡运往纽约时它本该蜕皮，但它根本无法在长途旅行中自己蜕皮，只能由人代劳以挽救生命。起初它蜷曲着身体以示反抗，五个蛇夫便不停地慰藉它，最后竟然顺利地把皮剥了下来。1点多钟，我们在剥它眼睛和唇上的死鳞时，它一点都不反抗。我见过太多受不了苦的病人，明明比蜕皮的痛苦小得多却无比抗拒医生。还有令人惊奇的，刚从森林里抓来的野蛇不出片刻就能立即明了自己的处境，甚至还表现出理解的意味。我无法想象，在上述情况下，还有哪种成年野兽能有如此动人的智慧。

"智慧"放在不同的情境中意义也大不相同。这条蟒能否如霍纳迪博士所坚信的那样有智慧地静伏，对此我们倍感疑惑。就其所处的环境而言，具有太多不可抗拒性。一般而言，我们都认为蛇具备天生的反应能力，也掌握了足够多的动作方法，可以应对日常状况。即便意外降临，它们也不是束手无策，自我保护不成问题。如果它们完全达不到这种效率，兴许能发展出比现在更大的智慧。

据说蛇还有一种奇特的能力——迷惑鸟。我曾亲眼见证过，那一幕确实惨不忍睹。很多动物在恐惧的情况下都易麻痹，鸟也是这样，突然间就被蛇吓蒙了，一动不动。它们似乎并不是被迷惑或蛊惑，而是毛骨悚然，呆头呆脑地站在原地，只能偶尔动两下。就像我们平时偶尔看见被汽车吓傻的小马，僵在路中间纹丝不动，一定要等人来搬走它才行。因此，谈到迷惑鸟这件事，我依然觉得与智力毫无关联，不过是蛇的一种行为罢了。

淡水蜥蜴

提到淡水动物，我们似乎必须将用肺呼吸的蜥蜴囊括在内。在博物学里，这也是一个极为有趣、令人着迷的地方。

歌德曾说：

> 动物常不自量力地去做似乎不可能完成的任务，没想到最后竟取得了成功。

不可否认，生存环境竞争太过激烈是一部分原因，但我们也不能忽视高级动物所特有的敢于挑战和勇于尝试的精神。每当它们去寻找新的机

会，拓展新的领域，我们就会看到意外事件迭出。依靠肺呼吸的蛇远离陆地，去往一百里外的海中有何目的？习惯于陆栖的蜘蛛竟然跑到湿地，在水下以丝织成穹顶网以便聚拢干空气又所图为何？属两栖的蛇蜥、鸟纲的穴居鹦鹉为什么会居住在地底下？再回到现在讨论的问题：蜥蜴究竟去水里干什么？

脊椎动物里属爬行动物最先适应陆地居住，从两栖的祖先迁往陆地开始，才逐渐完成大迁徙。尽管它们依靠肺部呼吸，但也有不少同类从水里迁出后又返回去居住，鳄目、龟鳖目和海蛇都是如此，还被形象地称为"二次水栖"。蜥蜴陆栖的习惯和穿穴、爬树一样已经根深蒂固，以至于偶然的例外都会让人兴味盎然。科普斯泰因博士曾谈到摩鹿加岛产的水蜥蜴，我们就拿这种原已发现的动物举例。

簇尾蜥

它属名为簇尾蜥，过去几乎没人了解它的古怪习惯，最有名的品种当属住在安汶岛、斯兰岛和西里伯斯岛的安岛簇尾蜥，也就是科普斯泰因博士研究的对象。第二种产自特尔纳特和哈马黑拉岛，还有一种产于菲律宾。由此可以判定，遭隔离后的变种会演化成为新种，英国附近的奥克尼和圣基尔达鹪鹩就是典型案例。

通常情况下，安汶岛水蜥或水蜥龙在小溪、水塘和咸湖旁的悬枝上伸展肢体，不会远离水边。一旦遭受急遽猛烈的攻击，便立马潜入水中。水蜥每日都会爬回树枝，泰然自若地静卧在那里。它们不仅没有任何天敌，连人都不放在眼里。摩鹿加群岛没有肉食兽，除了两种麝猫，加之原住民也不食用水蜥，因此成年水蜥显得非常镇静。

幼水蜥则完全不同，无论是在河底石头下还是池中密草里，它都能飞快躲藏。幼时，它们常遭到鹭鸶和鹰的摧残迫害，一直到长足时才会勇敢抗争。这也不足为怪，要知道此时它们已经身长2英尺多了。

水蜥主要以水中或水旁植物的叶及其他部分为食。在一处硫黄温泉的池子里，科普斯泰因博士发现了一群水蜥的踪影。然而，从没有人在海里见过，因此加拉帕戈斯群岛吃海藻的海鬣蜥应该是世界上现存唯一的海蜥了。

雌水蜥往往会选择在宁静温暖处的细河沙里埋下卵，而且埋得较深，有8～12英寸。它们会巧妙避开流动的沙，就像雌鲑鱼一样，从不在流动的沙砾里产卵。原住民虽然不怎么爱吃长成的水蜥，但对这种卵非常感兴趣，据说那2英寸多长的卵黄极为鲜美，值得一试。卵都是包裹在形似羊皮纸的灰白坚韧的壳里，上面带有灰色的点和条纹。摩鹿加几乎全年气候不变，没有四季之分，所以幼水蜥的孵化差不多贯穿整年。

雄水蜥最引人注意的就是尾上的饰物，从靠近尾端开始直至上侧中间部位，像极了船帆。正如雄鹿的角一样，这是雄水蜥独一无二的特征，不过待其长得壮实了，饰物也就随之消失了。长大的雄水蜥和雌水蜥完全一样，之前可能由于血液受到激素影响，便形成了张开的帆。这似乎天经地义，生活在水中的蜥蜴就应该长帆，但其实完全是凑巧，因为雌水蜥就不会长。

海蜥蜴

海鬣蜥

有一种爬行动物最为稀奇古怪，那就是海鬣蜥——一种专吃海藻的蜥蜴。它住在加拉帕戈斯群岛的石岸边，经常潜入水中觅食海藻。相对于海里，4英尺长的海鬣蜥在陆地上明显走得慢多了。达尔文在搭乘"贝格尔"号航行的时候，对其特别感兴趣，并通过观察发现了一些非常有意思的地方：

在水中时，它的身体和扁尾摆动起来跟蛇很像。只见它把腿缩着，紧紧地贴在身体两侧，游得极其自然迅速。一个水手想淹死海蜥，就拿了块很重的东西悬挂在它身上好将它沉下去。然而，一小时后当他拉起绳子时，海蜥依然活蹦乱跳。它们四肢发达，爪子强有力，非常适于爬行，海边高低不平的礁石和火熔石的裂缝都留下了它们的足迹。这种地方经常有爬行动物出入，它们成群地卧在离海浪数尺高的黑石上伸着腿晒太阳，看起来十分恐怖。

对于达尔文的描述，有人觉得难以理解。作为靠肺呼吸的动物，蜥蜴入水时必定依赖肺和血里储存的氧气，然而它竟然能在水里长时间自由地潜水。更不可思议的是，蜥蜴是坚决不肯被强迫入水的。

达尔文曾亲眼见到一只被逼迫到岩石角上的海蜥，宁愿被人抓住尾巴，都不肯从岩石上跳下去。于是，他试着把抓到的海蜥投入水里，结果它立马就返回了岸上。达尔文觉得十分诧异："我连着几次把一只蜥蜴逼到走投无路，它却无论如何都不肯跳入水里，虽然我们都知道它很擅长泅水。我刚把它丢下去，一眨眼的工夫它就又回来了。"对此行为颇为费解的达尔文解释称，因为蜥蜴在陆地上没有天敌，但在海里就不一样了，说不定会有很多饿鲛来找它麻烦。"这种固定的遗传下来的本能是有原因的，在它们眼里，陆地最为安全，因此即便遭遇意外，也绝不会轻易离开。"

蜥蜴到海中游历的时间或许较晚，有证据显示，它的某个近亲是生于陆上的。让我简略谈谈这位陆栖的表亲，它可以引领我们忘掉海藻，探寻到其中的秘密。人们都认同，这种被达尔文称作海鬣蜥的动物与海蜥非常相近，生活方法比较偏旧式。

达尔文来到加拉帕戈斯群岛的一个叫"詹姆士"的岛上，海鬣蜥正成群地集结在一起。"我们想搭帐篷，可是费了好大一番功夫，都找不到一个没有它们占据的地方。"这种动物行动极其迟缓，它们缓慢地爬行时，尾和腹部就在地上拖着。走不了多久它们就要停下来酣睡几分钟。它们往较软的火山土里钻洞，往往都是先用身体一侧的腿来刨土，双

139

腿交换着进行。"我观察了很久，当它上半段身体全部埋入土里时，我就赶紧去拉它的尾巴。这让它非常惊恐，一下子就站起来瞧瞧究竟发生了什么，那朝我看的表情似乎在诘问我为何要拉它的尾巴。"

陆栖和海栖的蜥蜴存在诸多不同点。例如，陆栖蜥蜴的尾巴是圆的而非扁的，趾间也不生蹼，它嗜食多汁的仙人掌属、金合欢属的叶以及树上落下的酸浆果。最为有趣的莫过于二者同住在孤独悬挂于海面的悬崖：前者穴居以仙人掌为食，后者则水居以吃海藻为乐。这也提示我们，无论陆栖还是海栖的蜥蜴，生活都很困难，受到了颇多限制，它们的老祖宗也困顿不堪。但它们采用了不同的方法予以解决，不过也只有其中一种蜥蜴选择了入水觅食海藻。在陷入绝境之时，动物都会匆忙寻找安身之处，即便生存空间狭窄，即便那种生活从来没有经历过。

龟

蠵龟科包括做汤用的绿蠵龟和作梳子用的玳瑁等。我们常以"龟"称呼陆地上的种类，以"水龟"称呼淡水里的种类，英国较为常见的是一种陆龟——希腊龟。龟喜欢温暖和煦的天气，只要不是很热，它们就会出来晒晒太阳，晚起早睡。11月，它们便把自己埋进土里，到第二年4月中旬才会钻出来，这在英国不失为最完美的办法。其实它们并不是真的在冬眠或蛰伏，只有某几种动物才会有那样特别的状态，严格说来，爬行动物的行为称作冷昏迷或昏睡更合适。

怀特谈起养了许多年的老龟：

> 它能一眼认出喂养了它30多年的老太太。恩人一走近，它就踟蹰着向前。虽然很想速度快点，但免不了笨拙迟钝。即使最微不足道的爬行动物、最冥顽不灵的东西都能认出饲养它的人，并知道感恩图报。

英国多寒冷天气，龟来到这里活动易受阻碍，因此已经称不上是善感应的抚玩动物了。

卖龟的小贩常宣扬龟可以迅速清理掉一个地方的蟑螂，其实它是食草者，虽能吃面包和牛乳，但更爱吃莴苣、白菜、蒲公英和紫云英。哈多博士用了几年时间仔细观察了数百只龟，从没看见它们如传言中的那样吃蛞蝓或蚯蚓。有一种穴居沙龟生活在北美洲东南几州的松林下沙地里，它们逐穴而居，既吃茅草和多汁的草，又吃松脂，全身香气猛烈四溢。总而言之，龟是彻彻底底的食草者。

缘蠵龟

龟在生活中似乎也谨守小心慢行的规则，审慎对待所要做的事，慢慢吃，慢慢长。通过数角质片甲上圆纹的圈数，可以准确判断它们的实际年龄，一圈就是一

夏。据怀特观察，他饲养的那只现已收藏在英国博物馆内的龟，一到6月就变得活力十足，还热情地向异性求爱。而平时它总是小心翼翼，生怕劳动过度。

很多游历经验丰富的博物学家曾表示疑惑，为何那么多岛都具有其他地方所没有的特产动物？譬如东印度群岛，每一个岛都有特种的猴、爬行动物、淡水鱼和蜗牛；夏威夷群岛，每一个岛都有特种的蜜雀，每一个森林都有特种的蜗牛；白令海峡，三群海狗巢穴中每一个都独有一种海狗；圣基尔达产一种鹪鹩，奥克尼产另一种鹪鹩，各个独树一帜。这些都做何解释？

以下可能是答案：

大部分生物具有变异能力，后代与父母有异实属正常，所以每个家族中的成员都各不一样。换言之，更新变异不足为奇。相较于没有交配限制的地方，新变异在岛上更易维持下去，也更易拥有稳固的可立足之地。育种家若获得了满意的变种，就会去寻找类似的品种进行交配，以同族繁殖的方式创造新种。自然界中同样存在这种繁殖方式，杂配一旦受到限制，岛上自然比在大陆上容易维持变异。

大龟

达尔文游历到加拉帕戈斯群岛的时候，对大龟展现了极大的兴趣，原因很可能在于各岛相近却各不相同的种类。他曾说自己已经"面对创造力的真实行动了"。据他估算，大龟的行走速度为10分钟60码，相当于一天行进4英里路。不过，由于多汁的仙人掌、下垂的地衣绿条或加耶维太的浆果等都难以起到完全解渴的作用，因此当它们口渴难耐时就可以走很远。达尔文说：

> 在接近泉水处，许许多多大龟的表演堪称奇观：有的匆忙往前赶，努力伸长着脖子；有的则心满意足地喝饱回来，熙来攘往，好不热闹。老龟似乎全都是意外死亡，像从悬崖上滚下来等。原住民跟我说，从未见过一只龟是平白无故身亡的。

也就是说，老龟寿命很长，自然死去简直不太可能。然而，不久后它们又要走向灭亡的命运，真是可悲至极。凡是来过这些岛的生物学家都留意到大龟日益减少的事实，但最后还是带走了一些标本，如此一来，岛上更是所剩无几。

大龟通常居住在水潭和多汁植物充沛的山谷里，不过一到夏天，它们就会往山上爬。在常经过之地，石块往往非常光滑，甚至大雨后都无法行走。只有在炎热明亮的中午，才能看见或听到大龟悠闲自在地徘徊。1905年，一个偶然经过的游客竟然在短短3英里路内发现了30多只大龟。这种嬉戏游玩似乎很大一部分都是为了恋爱，雄性在树林里发出的吠声可传至300码开外。

龟卵层层产在地洞里，一窠约有18枚，比鸡卵大。雌龟不会将所有的卵放在一个地方，因为它们的天敌秃鹫和野狗等对它们虎视眈眈。幼龟死亡率比较高，幸运逃离魔掌的一般长到1英尺后就会平安无事。人类凶残起来也是极度危险可怕的。大龟的肉乃珍馐美味，以前用脂肪榨出的油还能卖个高价，加之科学家亦有搜罗标本的责任，于是岛上的大龟仅剩下寥寥几只，其他地方甚至一只都见不到了。对于这件不算光彩的事情我们必须坦然面对——寿命长达几百岁的动物竟然也很快要到绝种期了。

大龟能活到150多岁，仅我们提到过的也有几只年龄逾百岁。然而，不久以后一只也没有了！丹皮尔及其他老游历家都见过龟群，到了毕比这一辈仅见过一只。为了拍摄活动影片，他们将大龟放入海里以证明其能游水，但没多久它就死去了，只留下几百尺影片材料。由此观之，人类不值得信赖，不足以托付。

大部分龟生命力顽强，离不开缓慢从容的生活节奏，毕竟老得慢，死得也就慢些。怀特的龟1794年才死，比主人晚走1年，在英格兰度过了将近54年的时间，最后14年则移居到了塞尔伯恩。实际上，几乎没几只龟寿命能长达数百岁的。1766年，人们将5只大龟从塞舌尔群岛运至毛里求斯岛，其中一只甚至活到了20世纪初。1901年，哈多博士在报告中写道："虽然它已接近失明，但依然维持着固有的良好习惯，依然身体健康。"

龟在方方面面都很迟缓，领会能力也差，脑袋和身躯比起来显得格外小。但也不能说它们一无是处，不然它们也不可能这样长寿。龟善于分辨人，善于寻找地方，尤其是冬天居住的地方。因此，即便离家很远，它们也能准确无误地返回，有只水龟甚至还能解决迷宫问题。由此我们可以证明，它们学会了如何汲取经验并从中获益。在一份可信的报告中，我竟然看到这样一个记录：一群普通无奇的龟竟然伸长着脖子，仔细聆听着园旁空场上城市军乐队的奏乐。然而，我也无法确定这是否可以作为智慧的佐证。平时，龟一般不叫，但一到生产期就会发出"嗞嗞"的声音。查塔姆岛上的雄龟吼起来声音粗大低沉，在100多码外都能听见。在这些大龟的吼声面前，普通龟的"嗞嗞"声简直微不足道。它们产2~4枚白壳卵，类似于鸽卵，生产完后就直接把卵埋在松沙里，从不加以保护，至少从来没有人见过。

龟及其血亲的生命力强大持久、坚韧不拔，从身体某些部分的局部生理特征上可见一斑。比如，那可以食用的绿蟾龟，当肉已烹成羹时，只要将它放在适合的地方，心脏居然还能跳动一周。这已经很离奇了，然而最匪夷所思的还是龟壳。怀特疑惑不解："这个爬行动物被囚禁在自己的壳里，就像装上了一副怎么都脱不下来的庞大沉重的甲，看起来可怜万分。"不过，从另一个角度讲，这个构造错综复杂的盾能给予龟充分的保护。欧洲几乎没有动物能伤害到它，除了希腊鹰，它会用利爪把希腊龟提到高空再摔到石面上。也因此，平日里一般的意外，龟都应付得来，它从不惧怕。龟壳构造类似于拱门和隧道，上下都用甲武装起来，与此同时把头尾四肢缩进甲壳里，在这样的全方位保护下，它养成了闭关自守的习惯。更令人诧异的还在于，龟的外骨和内骨里的各分子连接得极为复杂，仿若一个能生长和移动的堡垒，这对解剖学家来说真是一个莫大的难题。

鳄鱼

在非洲西部树林被河流冲断之地，或者丛林和沼泽占据雨林之处，都盛产鳄鱼这种两栖爬行动物。在陆地上活动的鳄鱼肢体僵硬，迟钝笨拙，一旦受惊就会立即逃往水里，其主要的猎食场所也在水中。不过，它很爱躺在河边温暖的沙滩上睡觉晒太阳，尤其在一天中最炎热的时候，不晒几小时绝不罢休。人们常能看到好几十只鳄相互依偎着睡在一片沙滩上，一群形似睢鸠的鸟在中间蹦蹦跳跳，不仅一点都不害怕，还在它们背甲上啄水蛭吃。

鳄鱼总是用它那几条短腿爬下岸，一潜入水中就消失不见。它可以持续一动不动地伏在那里，仅露一点鼻尖出来，但它并不是睡着了，而是在

耐心地猎食。一只离开森林的小羚羊走到水边,神情落寞,像只挨了打的狗一样。它把鳄鱼的鼻尖当成一块石头或泥土,没做多想就躬下身来喝水。鳄鱼趁机悄悄地游近,强而有力的尾用力一扫就将小羚羊扑倒了,继而用颚死死咬住。它把羚羊拖入水中意图将其淹死,但它自己不会被水淹死,它能巧妙地将鼻孔及长嘴后方的孔关住。气管的入门与后鼻孔相连接,只要把前鼻孔放开,露出水面,就能自由地呼吸。无论牛羊鱼鸟还是其他野兽,都会惨遭毒手,就算是不巧去河边汲水的人也同样会受到攻击。

值得一提的是,沼泽地的大型动物经常有随从跟随左右。譬如,乌鳄鸟能帮助鳄鱼清除掉身上那十分讨厌的寄生物,同时它自己也有了充足的食物。善于泅水的红水牛身旁常有一群黄背的鹭及其他鸟相伴在侧,经过沼泽地的时候,它们便能轻松地捕食到被牛蹄惊起的昆虫。相对地,这些鸟也能在关键时刻助水牛一臂之力,尤其是危险来临时,它们突然的举动可以引起水牛的警惕。小小的捕虱鸟就能充当犀牛的"探子",它们围着犀牛到处飞,时不时停靠在它的背上寻糙皮上的扁虱吃。这些捕虱鸟若毫无预兆地飞起来,犀牛立马惊慌不已,直至它们飞回来镇静如常地寻找食物,才慢慢平静下来。

爬行动物一纲的种类数不胜数,对于它们的生活习惯及状态我也只能稍加叙述。我选择的事例已足以充分展示这类动物的特点。

鹭

第十三章
两栖动物的
生活状态

赫胥黎为动物学做出了重大的贡献，其一便是证明了蛙、水螈等两栖动物，相较于鱼纲，与爬行动物更为接近。幼年的两栖动物几乎都用鳃呼吸，其中一部分即便拥有能呼吸干空气的肺了，依旧一直保留着鱼类的呼吸器官，但幼年的爬行动物从不会有鳃。毫无疑问，两栖动物已经有诸多方面超过了鱼类，如有手指和足趾，有类似人肺的真肺，以及能自如活动的舌头。但也不可否认，它们存在很多鱼的特征。因此，撇开形状不谈，我们都可以判定，两栖动物和鱼相接，鸟类和爬行动物相接。

> 托马斯·亨利·赫胥黎（1825~1895），英国博物学家、教育家，达尔文进化论的忠实捍卫者，著有《人类在自然界的位置》《脊椎动物解剖学手册》《进化论和伦理学》等。

远古以前的部分两栖动物体形巨大，现在几乎都变小了。例如，拥有发达的尾的水螈和蝾螈，到蝌蚪末期尾巴便消失的蛙和蟾蜍，以及奇怪的肓螈属——像蚯蚓一样穴居无肢的蚓螈。

蛙和蟾蜍

> 艾萨克·牛顿（1643~1727），英国物理学家、数学家与天文学家，著有《自然哲学的数学原理》《光学》等。

有些动物其实比它们外表看起来要聪明，譬如猪；而有些动物实际上比它们看起来要愚笨很多。蛙和蟾蜍即属于后者。当我们仔细观察一只在路旁爬上岸的蟾蜍时，很容易联想到一个灵活敏捷的老人。我们注意到蛙注视飞蝇时，极其全神贯注。牛顿说过这么一句名言："想把它的心放在那儿。"蟾蜍或蛙貌似就是如此。然而，这样的推断和感觉还是太过宽泛了，因为我们很可能被它们的大头所迷惑，从而忘记了深藏于内的区区脑容量，尤其是蟾蜍的眼睛更容易让人产生误解。皮特女士在其所著的《田园与篱笆间的野生动物》一书中描写蟾蜍拥有闪闪发亮的眼睛，宛若珍宝，里面泛着淡淡的金属褐色，闪着红光，仿佛从深处向外蹿的火苗。

蟾蜍

蛙和蟾蜍可以分辨人，至于它们是如何学会这一技能的无从知晓。此外，它们还能在二三百码外寻路回家。谢弗教授曾仔细观察过美洲产的各种蛙，对于最后的结果他非常满意。据他发现，蛙稍练习几次后，就会避开毛毛虫等让其厌烦的东西，且至少十天内不会忘记。另一只蛙仅经过两次训练，就会远离浸过药的蚯蚓。对此，一段时间内它完全记得住，但过五天就不甚清楚了。在捉蚯蚓时，如果某只蛙受到轻微的电震，那么它连续一周都会对蚯蚓产生畏惧心理。不过，它最终还是不会放弃粉虫。

就这样得出了蛙能学习的结论，由此观之，少而精的慎重观察远胜于多而滥的无从查证的传说。

谢弗教授通过试验获取的某些结果极为有趣。

蛙一咬到有毛的毛毛虫，会急切地吐出来。有过一次经验后，它们心里会刻下烙印——有毛的毛毛虫不能吃。而另一只食用了化学处理过的蚯蚓的蛙，吞咽时肌肉无任何抵抗，只有吃下去不消化的时候它才会意识到，并且此后很长一段时间内都不会再碰蚯蚓，但远不及对有毛的毛毛虫的反

149

感时间长。

　　每日进食时，蛙及其他两栖动物都能迅速学会避开不可吃的食物，这一点至关重要。一方面当然可以节约时间精力，另一方面也能免掉不少痛苦。我相信，最初蛙试验过很多食物，通过若干次的试验汲取了一些经验后，它就知道如何避免不适合的东西。这和鹊区别很大，鹊服从的是其取食的本能，并从不耽误事。这也就容易理解蛙为何试吃时速度很快，但一到走迷宫或者学习跳过一条透明的线时就缓慢至极。这些人为设置的困难在其日常生活中其实很难遇到。

　　我们再看一下谢弗教授的试验，他使用了一种非常简单的试验方法：

　　　　蛙突然咬到一个蟑螂时，便立刻让它受电震。然而，自此以后它不但不吃蟑螂了，连续几天都完全不进食。经过这一劫，蛙放弃了一切食物，我们从中亦看不到任何学习作用。

　　至于前面提到的有毛的毛毛虫，蛙一看见便能迅速联想到"远离它"，学会后还能记住很长一段时间，由此才形成了"不吃有毛的毛毛虫"的习惯。

　　更进一步的试验能让我们更深刻地窥见蛙的心理：

　　　　如果将有毛的毛毛虫放在一只经验丰富的蛙面前，毛毛虫会自行爬走。蛙从不吃死东西，只喜欢活物，于是它紧跟着毛毛虫身后跳来跳去，似乎这样很有趣，不过也是点到为止，再没别的举动。只要毛毛虫动，蛙就立马来了兴趣，兴奋地往前跳，可是等它接近了，才恍然大悟想起了过去的事情，以往不舒服的体验又回来了。蛙在仔细审视有毛的毛毛虫时，难道不就是在探听自己的"心意"吗？不管怎么样，最后它得出的结论是"不行"。

故事还没有结束。让蛙失去兴趣的毛毛虫跌到一盆水里后，竭尽全力在水上摇晃。这种摇动如此新鲜好玩，重又引发了蛙的好奇心，于是它决定重新考察。不过，10秒钟的时间已经足够抵过方才的新鲜感了，当蛙发现还是刚才那只有毛的毛毛虫时，它毫不犹豫地离开了。蛙当然比不上人类聪慧，但不可否认它还有那么一点心智。

将蟾蜍和蛙的生态相提并论是件很有意思的事。前者生活闲散不爱走动，以爬行为主；后者则心浮气躁坐立不安，喜爱跳跃。原因很可能在于二者深藏于内部的组织或气质大相径庭。不过，我们也要仔细探究，蟾蜍毒质较多，是否因为这个原因才使得它过得比蛙安稳。蟾蜍虽不能将毒汁吐出，但可以利用它的皮制造强烈刺激、让人难受的毒质，即蟾毒。

相比之下，蛙的毒害就轻多了，虽然也含有类似的毒质，但量非常少。正因为如此，很少会有动物把蟾蜍含在嘴里，它也因此乐得自由闲适，安稳度日。

蛙

螈类

指泥盆纪（4亿年前～3.5亿年前）时期欧洲形成的一种地质层。

如前面所述，人类在两栖动物身上进行了若干种试验，那么它们自身又进行过怎样的试验呢？回顾它们的历史和所获取的东西，蛙和蟾蜍、水螈和蝾螈，还有奇特的代表两栖纲的蚓螈，在 老红砂岩 末叶即已出现。我们都认为原始两栖动物必定富于冒险性和创造性，因为热爱试验，才取得了诸多全新、重大的进步。

两栖纲由鱼纲蜕变更替而来，此点由现今的南美洲肺鱼即可证明。它们的鳔已经彻底发生了变化，变成了能呼吸半年干空气的肺。从水里迁到陆地上是两栖纲完成演化的一大步骤。部分无脊椎动物都经历过这种危险重重却充满了希望的步骤，不过所有的脊椎动物中只有两栖纲是最先迁往陆地的。也有少数如雨蛙和阿尔卑斯山雪线以上的黑螈，它们的生活会彻底离开水。一般而言，年幼的两栖动物只能在水中成长，例如随处可见的蝌蚪，一旦池水干涸，它们便走投无路。

动物界有一个内在的法则，某种动物由一处迁往另一处后，准备产子时依然会倾向于返回旧的住所。譬如，吃鱼的蠵龟习惯于从海里转移到沙滩上产卵，反过来，大盗蟹会从内陆回到海边产卵。这一法则在两栖纲里体现得尤为明显。据我所知，产育期间蟾蜍会走很远以寻到合适的池塘。幼年的蟾蜍和鱼类似，它们用鳃呼吸，心脏分两室，舌头不能活动，以及

蝾螈

感觉细胞的侧线等都依然带有众多鱼的形态。生命开始的3个月，蛙还摆脱不了自己的原始属性，不过之后它就完成了从水里到陆地的过渡，实现了向两栖纲的进一步靠拢。

　　我们应该都记得，水螈和美西螈等某些两栖动物的陆栖性远逊色于其他动物。不过，只要是正常的两栖动物都具有肺，可以呼吸干空气。假如北美洲的湖岸不符合美西螈的预期，它就会选择离开陆地留在水中，像发育不完全的幼儿一样终身留着鳃，任时光流逝，它依然摆脱不了原来的状态。不过，若湖岸足够安闲舒适，美西螈就会毫不犹豫地抛弃它的鳃迁到岸上，焕然一新成为钝口螈，因此很长一段时期内它都被误认为是两种不同的动物。换言之，幼年期的美西螈虽然可以繁殖，但并未完全获得钝口螈成年期的特征。还有一个无法忽略的事实，脊椎动物中最先铤而走险迁往陆地的功劳当属两栖动物的老祖宗。原因

也许有很多，可能是因为以前干旱太久导致水泽干涸，水栖动物被迫上岸冒险，也有可能是因为水里动物太多拥挤不堪。但我们不得不承认，任何动物都具有试验倾向，通过种种尝试才最终选择更有利于自身的生存方式。

第十四章
鱼的生活状态

　　鱼纲是最早赢得生存竞争的脊椎动物。值得注意的是，自鱼纲出现后的数百万年里，除少数几种急先锋外，它们是独一无二的脊椎动物。如今急先锋所剩无几，只有圆口目、文昌鱼、海鞘以及普通脊椎动物里的几种老式的先驱。

　　海马、虎鱼和尖嘴鱼等部分鱼类长相颇为古怪，不过再怎么稀奇，一看也能知道是鱼。那成对的鳍就是它们的四肢，既无手指也无足趾；皮上长有鳞；羽状的鳃是它们的呼吸器；没有眼睑；大多数是使用长有肌肉的身体后段游泳。属于这一纲的有：

　　软骨鱼，如鲗和鲛；

　　硬骨鱼，如鲑鱼、鳕鱼、鲱鱼和鳗鲡；

　　肺鱼，可分三种，包括昆士兰的澳洲肺鱼、南美洲的南美肺鱼和非洲的非洲肺鱼。肺鱼不仅有鳃而且有能呼吸的肺，因此它们介于寻常鱼和两栖动物之间。

感觉和行为

　　大部分钓鱼者应该会认同这样一种说法：鳟会小心谨慎地提防人。观赏池里游来游去的鱼，可能一听到开饭的钟声就会纷纷聚集到岸边，由此可见，鱼是能够将某种情景或声音与行动相联系的。然而，对于鱼隐藏的智慧，我们还知之甚少。

角鲛可以感知到潜藏的肉，其他鱼类也有很多拥有灵敏的嗅觉。鲤鱼常常会先试着尝一下某种食物，继而丢弃，并清楚地显露出厌恶之情。关于鱼有味觉一说证据不少，但它的味觉器官并不在口腔，而是散布在身体各处，鳍上也有。有种美洲鲶甚至可以用尾巴来闻味道。皮的部位还有另外一种化学感觉，可以助其发觉水的组成变化。

鱼的触觉相对较弱，但在距离头和唇部较近处或在触须状的突起上又异常发达。有一种鳕的颌上有类似的极明显的突起，称为鱼须。据观察，几乎所有的硬骨鱼都有一条长于体侧的侧线，其中包含有一排深藏在黏质里的感觉细胞，嵌入一条开口的槽里或管道里，鳞甲覆盖其上，经由小孔与外面连通。试验结果显示，该侧线作为机械感觉的部位，能使鱼感知某个方向涌来的水的压力大小。譬如，鱼往石头方向游时，排开的水会自动通过石头反弹回来，进而撞击侧线，于是在侧线的感觉信号引领下，鱼会立刻转弯。此外，侧线还能让鱼感知汇入河里的支流，这对于在晚上和在泥水里游的鱼大有用处。迁移的鲑鱼、幼鳗鲕等都可以奋勇向前，逆流而上，很大一个原因是侧线能让其精确判断河水的方向和强弱，从而相应地调整游水力度。鱼的

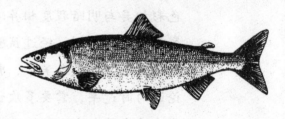

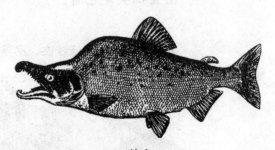

鲑鱼

即向性是与生俱来的，它们总是不断地调整姿态以使两侧承受压力趋同。软骨鱼没有侧线，改由皮肤里数之不尽的胶管取而代之，经小孔通向皮外。

有些鱼依靠耳和侧线即可探听到水里的震荡或波动。已经证实某些鱼

类的确具有听觉。与此同时，也有些鱼在面对巨大的声响时没有反应。当然，这并不意味着它们耳聋，也可能只是对此不感兴趣。我们无法清楚地解释鱼的听觉究竟如何，于是奇怪的问题来了，既然它们的耳都很发达，我们为什么还去问它们能不能听到呢？其实，耳除了具备听觉外，还有平衡器官的作用，尤其是半规管部分。在还未发育完全、可以听到声音前，耳先发挥了平衡的功用。

一提到视觉，可以举这些例子：

鳟对光的强弱感觉极为灵敏，硬骨的比目鱼则能清晰地分辨停歇处背景的颜色。但也有些鱼会在某种特别颜色的人造钓饵诱惑下迷失方向。不过，给鱼做试验的人分不太清楚色彩相异与明暗程度相异二者间的差别。赫斯教授则细心观察到了这种区别，经过试验，他发现鱼只是将不同的颜色看作种类各异的灰色罢了，就像色盲症患者一样。但就此下结论还为时过早，需要多次试验才能验证，我们暂且只能说有些鱼确实是色盲。

欲察看动物的生活状态，必然离不开它们的日常生活以及与之相关的

鳟

锯鲈

行为举止。据平日向来稳重的渔人描述，一条梭鱼在突然被钩掉眼睛的几分钟内，就把自己的眼睛给吞了下去。听上去这鱼不免太过愚昧蠢笨，但其实是我们误解了。鱼不过是对光亮之物做出的应激反射而已，往常这么做99%的概率是有利于自身的，只不过独眼的梭鱼没想到吞食的竟然是自己的眼睛。

　　动物学家奥克斯纳曾在锯鲈身上进行过试验。他在水里分别放有一个红色容器和一个绿色容器，两个容器均用同色丝线挂着，红色容器里先放进去一些食物。到第三天，鱼试探了一刻钟左右，就游进红色容器里吃东西去了。第四天，只踌躇了5分钟它就进去了，而到了第五天，甚至只消磨了半分钟。之后就更加顺其自然了，从第六天到第十天，它总是毫不犹豫地立马冲进去觅食。它把红色与食物联系在一起，显然这和嗅觉没什么关系。第十一天，当它再次进入一个全新的红色空容器时，居然仍在里面逗留了3分钟。之后连续六天，它都一如既往地向红色空容器进发。奥克斯纳丢点食物它便吃一点，但锯鲈的胃口实在不怎么样，第十八、十九和二十天，连续三天它都对丢到容器里的食物不闻不

159

问。然而有趣的是，它依然不假思索地冲进去，颜色对于它的诱惑可谓屡试不爽。实际上，不仅是红色，当奥克斯纳把容器换成其他颜色，得到的结果也如出一辙。

一个信号（颜色）和一种畅快的经验（吃东西）相联结——"约束反射作用"在鱼的生活里每日上演。每一种景象都会牵动记忆抑或内在神经关联的按钮，随之触发相应的动作：是食物便游近，是天敌即远离。

怀特女士曾对美洲泥鳅和棘鱼进行试验，结果很成功。她在水池两端分别悬挂两个布包，一个装肉，一个装棉花。棘鱼立马被肉吸引，热烈地冲了上去，并向四周来回拨动着。与之形成鲜明对比的是，它们对棉花毫无兴趣，游到离棉花2英寸远的地方，便径直掉头离开了。泥鳅则对两个布包都不怎么感兴趣，它们容易被活动的东西吸引。

怀特试着给小鱼喂食小块的肝，她用钳子夹着使其不碰水面。小鱼虽看得见，却闻不到，要想获得食物，除非跳出水面，结果它们竟然真的跳起来了，且高度合宜。于是，她又在钳子下面垫上一块有色圆面厚纸，让鱼清楚地看见有色圆面当中有一块肉。很快，鱼便将有色的圆面和食物联系在一起，就算没有任何食物，它们也会习惯性地跳起来。在人的引导下，泥鳅也学会了产生联想，如把蓝色平圆面和真饵联系起来，把红色平圆面和纸制假饵联系起来。此外，它们还学会了对一种无法食用的幼虫置之不理，以及把"参观者走近"与"有食物吃"联系在一起。至此，我们已经完全证明了鱼具有产生简单联想并持久记忆的能力。

海马

　　鲑鱼从海里返回至出生的河里产子，幼鳗排除万难、逆流而上令人钦佩，雄棘鱼用海藻或淡水植物的若干部位做巢，雄海马将幼鱼藏于口袋里，雄笨鱼在石潭角看护卵并为之供给空气……上述事例不胜枚举，但看起来都像是在执行某种例行的冲刺命令。虽然举动颇有成效，但依然难以证明这是有意识、富于智慧的学习行为。

　　鱼的诸多有趣习惯都值得赞美，但论智力它们最多称得上幼稚。虹和鲛等软骨鱼是鱼类中智力的佼佼者，相对而言，硬骨鱼的前脑很不发达，而高等动物的智力从根本上说来源于前脑。

　　在数百万年以前的 志留纪 ，鱼即已占领了咸水和淡水区域，它们有的是时间获取经验，并试验各种内部发出的新挑战。

> 属于地质年代的一个分类，距今约4.4亿年～4.1亿年。

　　动物频繁地进行革新，或者孜孜探索新世界，因为它们面临着非此即彼的选择，如若不能在新世界有一番作为，那么就得屈从于新的角色。海洋最深处没有植物，只有漫漫长夜、无限长冬和沉重的压力，似乎完全称不上宜居，但那里却是鱼类占有的新世界。众多鱼类安家于此，很可能是跟随海边或海面上沉下来的食物而来的。有些鱼眼睛看不见，有些鱼眼睛又大又突出，大部分鱼嘴巴很宽便于吞食，还有很多自身可以发光。

　　居住在深渊和山溪的鱼类差距甚远。有些生活在印度山溪里的鱼，在石头间爬行，敢于逆流而上。它们身形薄如叶片，方才抵挡得住汹涌而下的急流。此外，它们身体下面的鳞片也骤减，以便更好地附着于光滑的石头上，两片黏合在一起的湿玻璃就可以体现出鱼腹与石头贴得有多紧密了。偶鳍亦能攀爬，某些急水鱼的黏附器官尤为特别，它们眼睛长得靠

上，且远小于普通的鱼。总而言之，它们拥有能让自己在艰难环境下存活的适应设备。

攀鲈

在印度各河口和淡水里，生活着一种攀鲈，俗称为"爬树的鱼"。虽然关于它爬树本领的传说有些过于夸张，但我们不得不承认它的爬树能力非同一般。

在马德里渔场威尔逊先生的训练下，它们能从水池里沿着一条几乎垂直的布往上爬，还学会了利用活动的鳃盖和刺。

攀鲈在陆地上也能走很远，这已经尽人皆知了。它的呼吸器复杂而特别，虽然一般的鱼鳃它也有，且血管就分布在鳃上，但鳃弓上还长着复合的骨质迷路，壁上亦有很多血管。于是，由嘴里进入的空气，经过迷路将一部分氧释放到血管里，与此同时收纳部分二氧化碳，最后由鳃室呼出去。

曾在加尔加答的印度博物馆里工作，现已过世的安南达尔博士说过，有一种攀鱼能够爬上湖滨支撑水阁的柱子。它沿着柱子缓缓往上爬，一边爬一边食用有坚硬皮壳的动植物。它似乎是凭借尾部的力量进行攀爬的，这很容易让人联想到用硬尾羽支撑在粗树皮上的啄木鸟。它爬累了需要中途歇息时，便转用嘴唇紧紧地贴在柱子上。

热带海岸边有一种随处可见的跳鱼，潮水一退去，就立刻跳出来攫取小动物。它的眼睛长在头顶上，极为突出，可以四面环视。离开水时，它的部分呼吸依赖于尾上密布的血管。跳鱼的弹跳能力很强，有时候竟然能跳到红树林的根上，是真正的缘木之鱼。它的胸鳍强而有力，可当小腿用。作为出水之鱼，跳鱼真可谓岸上的征服者！

以上我叙述了鱼的奇特住处及生态，但也仅限于对几种鱼的初步了解而已。我不是出于好奇，而是为了了解动物探索新世界的倾向。它们往往会四处寻觅环境优良又尚未被占据的新地方，以暂时躲避激烈的生存竞争。

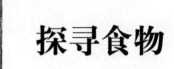

探寻食物

鱼曾经尝试过多种解决食物问题的方法。地中海棘鬣鱼属于若干种食草鱼中的一种，在它长长的食道里，除了海藻等碎块，别无他物。生活在英国河里的赤睛鱼也是食草群体的一员，但它不是彻彻底底的食草者。其实，很多鱼不仅吃水草和海藻，对肉食也是来者不拒。按照食品的纯杂排序，鲤鱼排在

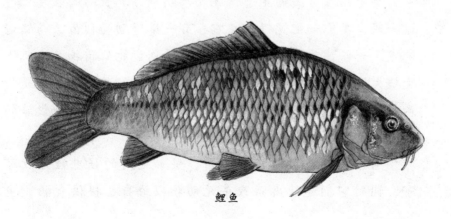

鲤鱼

首位，因为它什么都吃。离开海岸的鱼排在最低一等，它们以海尘，即海藻区冲出去的有机物碎屑为食。

肉食的鱼不可胜数，鲛食用其他种类的鱼，角鲛喜欢吃章鱼，鲑爱食小虾，梭鱼捕食小水生物，以此类推，难以计数。低于高级肉食鱼的，有部分专门以泥里或水草里捕捉来的小动物为食。很多淡水鱼的主粮都依赖于昆虫的水栖幼虫，如蜉蝣。鳟嗜食淡水蜗牛，它的胃总是塞满了几十只小淡水蜗牛，除此以外什么都没有。而与这一派相对的则是鲱鱼、鲭、鳀和小鲱鱼等所谓的细食者，它们专吃海面微小的动植物，像浮游生物。这类鱼吃起来美味可口，其实也容易理解，既然它们吃得如此精细，当然不同一般了。

这些办法都是鱼类解决食物问题的寻常方法。不过，除此之外还另有些其他方法，我们暂且举例说明。

印度河流里有好几种镖鱼，它们时而从口里往外喷水，以攻击飞来的昆虫，这和旗鱼恰恰相反。后者上颚酷似剑形，又长又尖，可以轻松地刺穿金枪鱼，连海豚有时候都会遭到攻击。据说，旗鱼的刃甚至可以把2英寸厚的船板给插穿。至于锯鱼有关的生态情况尚未明确，其长吻的长度可超过一码，类似一把宽锯，左右各有一排坚韧的利齿，与锯边垂直。一些博物学家认为，锯鱼凭借利齿能从猎物身上剜下大块大块的肉。但也有学者不以为然，他们觉得锯主要是用来掘松海底的泥，以获取软体动物和甲壳动物。这一说法的真实性还有待我们考据。

电鱼的习惯极为与众不同，譬如电鳗的强电性可攻可守，同时它们还能麻痹或杀死动物以给自己提供食物，鱼类尤难幸免。白鲫鱼的头以及背部前段长有巧妙而别致的吸器，专用于附着在鲛、其他大鱼、蠵龟、游水类甚至船上。小白鲫鱼不是寄生动物，因此对于携带者并无害处，它之所以选择附着在其他动物身上，纯粹是为赶路并趁机和携带者分享食物。西蒙曾在托雷斯海峡看见这样一幕，食物刚投入海里，就有很多白鲫突然冒出来攫取食物，完毕后返回去接着依附。很难想象这些非同寻常的习惯是如何起源并演化发展的，这也倒逼我们承认鱼至少愿意去尝试。白鲫的吸盘演进得非常精巧完美，可见它与携带者关系匪浅，确立已久。此外，它必定常常附着在携带者下面，因为它的下面相对而言颜色较深，上面自然因紧紧附挂在携带者下面而颜色较浅。这很不符合常规，但请不要忘了人类正利用它这个特点。在非洲东海岸等地，当地的渔人在白鲫的尾巴上绑了绳

电鳗

子，接着训练它去海里寻找蠵龟。在天生的反应倾向下，白
鲫找寻并紧贴在爬行动物身上，渔人一收绳便轻易捕获到了
猎物，白鲫就这样周而复始地帮助渔人打龟。

第十五章
软体动物的
生活状态

动物在演化上比较成功的有三脉：一是节肢动物一脉，以蚁、蜂、蜘蛛、蝎子、蟹和龙虾为最；二是软体动物一脉，其中乌贼和蜗牛接近极致；三是脊椎动物一脉，以鸟和哺乳动物为最佳。三脉各不相同，似乎传达了迥异的进化观。

节肢动物生有诸多肢或附属肢，身体由多个环节相连，最外面披着一层较为固定的骨骼，大多数由具备抵抗力的甲壳素构成。而蟹、龙虾及其他甲壳动物的壳则富含石灰。外盖没有活细胞，不能自己生长，因此随着躯体的生长必须按时蜕换。这些动物四肢的肌肉与脊椎动物恰恰相反，是长在骨骼之内。软体动物没有四肢，躯体亦无环节之分，它们的壳含有石灰和介壳素，大部分趋于坚硬。随着身体逐渐长大，壳的外缘也相应增大，不需要再行蜕换。脊椎动物中有外披骨骼的，以有鳞的鱼和爬行动物最为典型，当然也有些无鳞的。其实，这些外骨骼和内骨骼，如头骨、脊骨、肋骨、肢骨等，比起支持肢骨的肩带和腰带皆不甚重要。在大部分例子中，内骨骼都由多根骨构成，无脊椎动物显然没有。

软体动物分为以下三类：

双壳纲，如蚶、壳菜、蚝和蛤蜊；
腹足纲，如蜗牛、蛞蝓、峨螺和玉黍螺；
头足纲，如乌贼和鹦鹉螺。

乌贼

它们大多不擅运动，身上布满了收缩缓慢无条纹的肌肉，和我们的食道壁类似。除了乌贼、蛞蝓和海蝶外，大部分软体动物都背负着坚实而沉重的壳。砗磲甚至重到一个人都提不起来，而它的一片壳大到婴儿用来洗澡都没问题。

　　软体动物大都是出了名的迟钝笨拙，蚝和贻贝幼时还会自由自在地游泳，一长大连动都懒得动了。为觅食海藻，帽贝往往只在岸边石堆里活动，斑斓美丽的鹦鹉螺偶尔会浮上海面，但绝大部分时间都是一动不动地伏在海底，离海面300～600英尺深。不过，我们也不能就此以偏概全，因为不是所有的软体动物都怠于活动。例如绚丽多姿的海蝶，这种腹足软体动物是鲸的主要食物，却喜爱在大海中自由游弋。扇蛤则喜欢时不时开合着双壳瓣四处游玩。还有一种名叫狐蛤的双壳软体动物，常出现于克莱德湾等处，它披散着美丽的橙色触角，身后水波荡漾，游得极为迅速。本来它也习惯于在海底生活，常用石子和泥草打造自己的窝。

　　现代头足纲里，亦有很多软体动物改掉了懒散成性的习惯。许多种乌贼不仅游行时和鱼相似，连身体摆动的姿势也几乎一模一样，但头足纲和鱼根本毫不

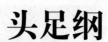

头足纲

相干。值得注意的是，活泼好动还能捉鱼的鱿鱼就是从极其懒怠的种族，通过逐渐去掉壳演化而来的，这是不容忽视的一大特点。

　　寻常鱿鱼的运动有以下三种方法。

　　其一，运用生有很多吸盘的触手或臂爬行。它们其中的两条触手尤其长，

> 亚里士多德（公元前384～前322），古希腊哲学家、科学家和教育家，著有《形而上学》《动物志》等。

超过其余八条，一旦有鱼靠近，就能立即伸出抓取。亚里士多德曾就这一现象做过描述。

其二，运用身体末端肌肉的三角鳍拨水前进。

其三，运用独一无二的移行法。此种方法只有亲眼所见才敢相信其效力。鱿鱼的脑后开有一孔，通至宽大的外套腔，腔内有两鳃，里面装满了水。依靠一种"钩眼"式的精巧机关，外孔立刻自然伏贴关闭，随即外套腔收缩。由于水无法从入口排出，于是只能通往另一条名叫漏斗管的向外狭道。水一次次地往外挤，鱿鱼随之被推动——身体后端朝前，而臂聚集在一起朝后。这样的移行法很是特殊，最先往前的三角鳍似乎起着转弯定向的作用。鱿鱼和墨鱼游泳均依赖外壳留下的内部残器，现代乌贼的祖先已经习惯了在这外壳里居住。

抛去了壳的乌贼，虽然少了一层贴身防护，但却变得自由多了。那对此是否有所补偿呢？恐怕就是有吸盘的臂或触手了，它们是强有力的杀伤性武器。同样，拥有触手的大章鱼或其他"海鬼鱼"也极其危险。完整的吸盘近似杯状，外环一圈甲壳素，自带专门用来攫取的齿。内有活塞，吸盘一附着在动物皮上，活塞就随之上升，余下部分真空，以紧紧地吸住。鲸的身上就经常会有大的吸盘痕迹，甚至大如杯口。

章鱼

章鱼是躲藏能手，常悄

无声息地隐藏于石堆里。乌贼的变色本领也很有用处。部分软体动物之所以能随情绪变色，主要是由于皮里诸多色素细胞的胀缩作用，这和鱼差不多。它们还拥有如鹦鹉的喙一般坚强刚劲的颚，再加上后面那对通到口内能分泌毒液的唾腺，就更显得可怕和具威慑力了。

喷射墨汁以躲避敌人的追击则是它们特有的自卫法，独此一家。墨汁其实就是一种积存在食道末端囊里的废物，过去画家常拿来做颜料。受惊的乌贼往往会反射性地自动挤压囊，从而射出墨汁。幼乌贼从卵包里孵出来仅需1分钟即可喷放墨汁，这就像我们一出生就会打喷嚏，完全是所谓的先天反应。在突如其来的视线混淆下，放出墨汁的乌贼想逃跑就容易多了，这和军舰放烟雾弹没多大区别，只不过地点在水下而已。某种程度上说，少了壳的现代乌贼还是获得了不少补偿。

很多乌贼都将卵产在胶质管里，继而黏着在海藻上；章鱼等产卵数量极多，累累如珠如枝，一堆枝干聚集起来与海葡萄无异。乌贼的发育期比不上其他软体动物完备，自由游行的幼体等若干阶段是缺失的。它们从卵包里钻出时的样子和已长成的个体相比，除了体积小一点，无甚区别。蜗牛和蛞蝓同样缺乏幼体时期，但是另有他因。这些完全居住在陆地上同时又产卵在土壤里的动物，自然谈不上什么自由游行的幼体了。

可是，乌贼为何没有幼体时期呢？这个问题很难阐释清楚。也许是因为产卵不多，只有区区几个，且卵黄足够滋养，所以可以等其幼子彻底长大到能自保，才安全稳妥地放出去。

海上有种名叫"舡鱼"的乌贼，雌的有双臂，张开后变成蹼，会分泌一层又薄又脆的壳，这便是卵和雏的褓褓，看起来极为精致美观。

舡鱼壳和鹦鹉螺壳大不相同，前者没有分隔，称不上是住屋，最多只能算摇篮。其他软体动物的壳都是由外套膜所生，但舡鱼的壳不一

舡鱼

样，是从两臂生出，且雄性没有。雌舡鱼虽然个头一般，但比起雄性简直就是大巫见小巫。雌舡鱼出生10天或12天，壳即已形成，之后随着身体发育而渐渐增大。但它的壳并不是自己长起来的，而是在双臂的作用下撑大的。过去有人说舡鱼扬起有蹼的臂作帆，其实纯粹臆断而毫无根据，即便有诗人吟咏，画家作画，但事实确非如此。

乌贼的中央神经系统较大，眼也发达，虽然发育方式各异，但像极了脊椎动物的眼。它们带有结构物，嗅觉、触觉发达，耳状的器官似乎是用来维持平衡的。关于心灵这方面，难以细论。乌贼捕猎能力很强，即便是水族馆里养的乌贼，在追逐猎物时亦表现出了坚韧勇敢的品质。毋庸置疑，它们携带的诸多利器助其在日常生活中游刃有余，但至于平常效率以外的涉及智能的例子，还是不太容易找。

乍一看乌贼，的确很像海客谈及的海蛇。体形巨大的乌贼又名大王乌贼，臂长可达40英尺，再加上身和头起码又多了10英尺。如果半露在海面上，人们很容易将其当成大海蛇。

爱尔兰沿海曾捕获过一只触手长30英尺、眼径15英寸的大乌贼，美洲沿海的比这个还大。很久以前，摩纳哥国王捕猎了一条抹香鲸，从它的胃里找到了一大块带鳞的乌贼肉。事实上，我们还从未见过一只活着的带鳞的乌贼，因此对于海里面究竟有哪些生物我们必须持谨慎态度。总而言之，乌贼绝对算得上海中不可思议的动物类型了。

英国南岸附近有好几种章鱼常常出没。章鱼差不多有椰子那么大，身体柔软，皮外多疣，皮肤颜色变化多端，可迅速地从鲜明的蓝灰色变成斑斓绚丽的褐色。它双眼一眨不眨，向前瞪着，眼睛下的嘴旁生出八臂或触手，甚至长达2英尺，像鞭子一样头粗尾细，频繁地扭动着。内侧挤满了一排排的圆吸盘，大的将近有一先令银币大，小的不过3便士银币大。它时常伏在池子角落，身下触手盘着，一侧向外露出吸盘，缓缓抽动。身体一膨胀就可以吸水进来冲洗鳃，不一会儿，又突然收缩，从头后的小漏斗往外排水，这种既慢又累的呼吸法还总能在池面激起一片水花。

　　章鱼的恐怖程度远甚于阴险的蜘蛛和毒蛇，每每提起大章鱼的故事，仿佛进入梦魇。

　　一只蟹若不幸落入海里，那么无妄之灾便来了，章鱼会立刻往蟹的光背伸出一只长臂，吸盘顷刻吸住不放。倒霉的蟹则没有任何反抗之机，它若能钻空子扭身逃跑，那绝对是死里逃生。惶惶不安的蟹已经顾不上乱石堆里的混杂与颠覆，以及是否会撞到其他同类。而追击者章鱼则不急不忙地起身追，依靠八只臂的支撑，如果实在赶不上了就干脆游泳。它利用身体的末端前行，触手在后面拖着，像呼吸一般喷水前进，每喷一次即可前行6英尺多。一旦碰底，八臂似乎依照一定的方案或模型一般，必然整齐划一地同时收卷，绝不扰乱对方。片刻后，章鱼又向蟹伸出了长臂。蟹毫无抵抗力，任凭章鱼用近臂基部的最大吸盘吸牢攫取。而一旦落入敌手，蟹再无逃脱的可能。当然，大获全胜的章鱼不一定立马开吃，过很久再下口也说不定。

双壳纲

钱贝和蛤蜊等普通海产贝类与章鱼类似，所以普通人一般分不清楚。相比章鱼的生活，它们要安定平稳得多，运动还极其缓慢。蚝和壳菜干脆始终停在原地，一动不动。也有些稍微活泼好动点，譬如竹蛏既能迅速钻进沙里，又能像章鱼一样用喷水法游泳。鸟蛤等还能进行短跳，甚至采取其他移行法。带有两瓣大壳的扇蛤像蚝一样卧在沙面或砾面上，两壳微张着，若突然碰触到，会立刻条件反射似的紧闭。可即使是这样，依然无法抵御大敌砂海星的攻击。若不幸碰上这个头号大敌，那么它只能灰溜溜地逃掉。一感觉砂海星伸臂来抱，它立即游开，不停地开合两壳四处乱窜。这种不计方向的逃跑结果往往是回到原点，如若砂海星依然在原处等待，抑或再次遇上另一只，那么它就算再想跑也没力气了，连续来这么几次只会筋疲力尽。最终，身心俱疲的扇蛤只能选择紧闭瓣壳做消极抵抗状。

但是这样做一点用也没有，因为砂海星能轻松地打开扇蛤、蚝或壳菜。这就有些匪夷所思了，人人都知道蚝是最难开的，连力气大多了的章鱼都无能为力，砂海星又是如何做到的呢？据观察，砂海星的每一条臂下都有条深槽，沿着臂一直到槽尖有许多能伸屈的细长的管足，它们依靠吸力紧

蛤蜊

紧附着在物体上，比如趴在石头上。论吸力，这些管足虽比不上章鱼的吸盘，但它们数量要多得多。砂海星就是利用猎取扇蛤的壳瓣，耸身呈高堆状，五臂尖支撑的同时握壳往两边拉。壳菜、蚝或扇蛤坚持不了多久，很快就被砂海星给扳开，露出柔软的身体。砂海星有着弹力十足的胃，它甚至能将其挤出口外吞吃东西，倒霉的软蛤被消化也是迟早的事。

鸟蛤、壳菜、蚝和蛤蜊等较大的双壳纲头部欠发达，神经系统也不完善，没什么集中性。它们普遍移行速度慢，干脆一心待在壳子里，充耳不闻壳外事。鸟蛤偶尔在沙上跳个几下，淡水壳菜悠闲地在河泥上缓缓移动。双壳纲必定有很多内部工作要做，鳃唇和皮层上不计其数的活鞭毛，通过激起水流带入氧和微生物，同时滤掉糟粕。而外部工作基本上已不值一提。

淡水壳菜将幼体藏在鳃中的摇篮里，只等鲹鱼或其他鱼游过来才将其放出。这种办法行之有效，如果不依附在鲹鱼等鱼身上去四处周游，幼体很难长大。但这只是它们天生的习惯而已，并不意味着壳菜足智多谋。游过的鱼好比开门的钥匙，等到它们无意识地发出信号，壳菜才会放走幼体。

蚝

遭遇砂海星的袭击时，蚝偶尔也会闭壳不出。低潮时曾有鼠在海滩窥探，结果竟被蚝捉住。其实，这只是蚝的反射性而非思想性行为，它本意不是想擒拿它们。人工养殖的蚝对水的依赖性大大降低，且

时间越久依赖度越小，这里面或许还蕴藏着某些初步的学习行为。它们含点水就可以闭壳生活，法国沿海养蚝户就是利用这一特性延长蚝的离水时间，使得蚝可以一路闭壳远赴巴黎。

常在海滨石上活动的蝛出去四处觅食，居然还能返回原处。某些蝛的圆锥状壳的边缘恰恰相合，若潮退后石面的凹凸痕纹能留下点水，便恰到好处。但如果石面平滑无痕纹，那就看不到什么好处了。一些蝛因此放弃自己原来的住处。记得路的蝛其实也不过认几英寸的距离，但凡事也有例外，一个记忆力超强的蝛，即便过了两个星期，依然能从4英寸远的地方认路回家，也许它把住处石痕附近的地形给记住了。

腹足纲

目前已经证明，蜗牛能认6码远的路。有一只蜗牛总是白天潜伏在花园墙洞里，一到晚上就沿着从花台斜搭到洞旁的木板往上爬，如此这般坚持了好几个月，想来它应是跟随着自己的踪迹攀爬。

在《人类的由来》一书里，达尔文描述了两只肥胖的罗马蜗牛。它们养在一个园子里，一只体弱多病，另一只刚强健壮。园子里可食用的东西寥寥无几，健壮的那只只好爬到隔壁去寻食。24小时过去后，它又返回到园里。人类都喜欢重复性的审慎观察，不过从中我们可以推断出，蜗牛具备记忆地形的能力。但它们首次行走的黏液路线，对于蜗牛回家能否起到一点作用，这值得研究。陆栖蜗牛确实是有嗅觉的，但器官的具体位置尚需查探。

汤姆森女士曾对美洲水蜗牛进行过相关试验，并获得了一些趣味十足的结论。她把蜗牛倒挂于水中，口和爬行用的跖均往上翻，就这样悬在水面下来回滑行。俄国著名生理学家 巴甫洛夫 别出心裁地对狗进行过一番试验，受此启发，汤姆森女士想出了全新的研

> 伊万·巴甫洛夫（1849～1936），俄国生理学家、心理学家、高级神经活动生理学的奠基人、条件反射理论的建构者，著有《动物高级神经活动（行为）客观研究20年经验：条件反射》等。

究方法。狗只要看到或闻到食物便会垂涎，至于程度自然是可测定的。如果在露出食物的同时附带一些举动，像吹声哨子或者挥舞一下带颜色的旗帜，那么狗就会把这种信号铭记在心。过不了多久，它只要听到某种声音或见到某种颜色就会反射性地流涎，影子似乎就可以完全替代物体。

在试验中，汤姆森女士拿一小片莴苣触碰蜗牛的口，蜗牛旋即动了几下——一般是四下，与此同时，她还用一根干净的玻璃棒按蜗牛的足。就这样，在同时接受了两种触觉后，蜗牛自然而然地将二者联系起来。休息了约48小时后，汤姆森女士用玻璃棒去按它们的足，其中反应最敏捷的立即动起口来，反复了七次之多。其他蜗牛也表现尚可，有些才动了不到四次。然而，96小时之后，每一只都将刚习得的反应忘得干干净净。

毫无疑问，下等动物是有学习能力的。蠕虫能退转，蜗牛也不差。它能学着把口感受到的食物触觉与足感受的玻璃棒触觉相联系，过不了几次，就可以摆脱触觉的影响而直接在玻璃棒触觉的引导下动口。这种联想

方式颇为聪明，只可惜维持不了多久。

　　汤姆森女士还做了另一个试验，以确认蜗牛能否认清前往水面的正确方向。她在水族器里绑了一个Y形玻璃管，一边较为粗糙，通向有轻微电震的地方，用来警示；而另一边相对光滑，通向有新鲜空气流通的水面。她先把蜗牛呼吸室里的空气挤出，再将蜗牛置于管底旁。蜗牛为了重新吸入空气，只想尽快赶到水面。如果径直走光滑的一边，自然畅通无阻；如若误入糙管，那么等待它的就是失败与惩罚。

　　最后的试验结果显示，蜗牛的固有经验在此处完全失效。虽然进行了多次教授，但试爬失误的概率仍然很高。如此看来，蜗牛也不是事事都学得会。也许，在自然的环境中，它们可以通过享用食物获取是否美味的经验，从而将外界记号与味觉相关联。

　　为探究动物行为的程度，我们须明白，此类简单的联想远不是智慧的体现。在笼中用鼠做试验时，每次摇铃，鼠都会追随声响纵身往下跳，无论下面有没有食物。当然，学习的速度并不特别理想。联想充当了欺骗的工具，听惯了呼唤声的雏鸡一受召唤立马就会跑过来，还以为有美食在等着它。有一只猫住到新房没几天，饭钟一响就条件反射似的飞奔下来，而这在搬家以前从未出现过。它学习的速度如此之快，不得不让人怀疑这是否只是联想的功劳。

　　巴甫洛夫和汤姆森女士所做试验都较具有代表性，狗和水蜗牛确实能联想。无特殊兴趣的刺激与有关系的刺激相关联，正如食物对视觉或触觉器官的刺激，最终与有效行为紧密相连。它们多次在学习的过程中携手同行，水到渠成之时，稍微的刺激即能引发相应的动作。这是生理反应，与心理反应无关。假如将同一件事的差别予以区分，那么犬和蜗牛的心理都与此毫无关系，这就是所谓的条件反射作用。

某些自以为高级上等的人士对儿童在海滨捡拾贝壳的行为表示轻视，或许他们忘了牛顿的这番话：

> 我觉得自己就是个喜欢在海滨玩耍的孩童，一会儿找到一个光滑润泽的石卵，一会儿又找着一个条纹绚丽的贝壳。真理宛若近在眼前的大海，而我们却从未探究过。

如此温恭自谦的话语使得捡拾贝壳的举动都变得格外了不起了。

在这个世界上，胜景不计其数，且都毫无保留地展现在世人眼前，任由赏玩游览。尽管不同的选择会有不同的结果，但贝壳也不见得比他物要差。高山、田野、草地，一到开花时节，树叶又绿又亮，群群花鸡篱上飞，马驹野地撒腿跑，琢过的蛋白石静静地躺在水中，诸如此类，不胜枚举，让人心旷神怡。因此，我们在海滩小潭挖点贝壳出来，仿佛娱心悦目的曲线，亦如生命调和后的美妙音乐，以动人的姿态向世人昭示：一圈又一圈的同心环线美到极致，如树木的年轮、鱼鳞的环纹一般，有节奏地生长着，泛着阵阵涟漪。它们色彩分明、深浅不一而又相互衔接，带着逐渐变化的美，既是生长变化的印记，又是软体动物一生的写照。

第十六章
昆虫和它们的
生活状态

要论种类、数目和分布范围，在全动物界中昆虫纲都应该是遥遥领先的，它们的种类远胜于其他动物。动物学家称，目前所知道的昆虫就有25万多种，更何况还有诸多尚未被人类发现。

普通的昆虫身体分为头、胸、腹三部分，头上分布有触须、复眼和三对口器，昆虫食用的物质不一，口器也随之有异。它们的胸部长着三对腿和两对翅膀，待长大后，其后段的腹部幼时节肢的痕迹往往会消失。昆虫通体罩有一层无生命呈壳或外皮状的角素，而幼虫经过数个时期的成长，外皮也会随之蜕换好几次，直到翅膀长出来为止。不过也有例外，比如蜉蝣。昆虫是依赖气管呼吸的动物，通过气管将空气送至全身各处。蜜蜂、蝴蝶、甲虫和双翅蝇等相对高等的昆虫，成长经历非常复杂，一生包括幼虫和蛹等历史时期。

昆虫纲分成许多目，例如膜翅目、鳞翅目、鞘翅目、双翅目等，不一而足。

昆虫的社会生活

蜂窝里总是一派生机盎然、朝气蓬勃的景象，没有片刻歇息。夏天是蜜蜂最为忙碌的时节，而一到冬天，它们就会进入蛰伏不动的状态。春暖花开之时，蜜蜂全力以赴开始工作，蜂窝传来的嗡嗡声即是它们辛苦劳作的证明。

为了所属团体，它们络绎不绝，一只又一只地飞往田园寻觅粮食。精干强壮的蜜蜂一般负责户外工作，而家务就交给那些幼蜂或体弱者。在外风尘仆仆采食而归的工蜂会受到家务蜜蜂的迎接，后者还会帮其卸下重担。工蜂带回来的粮食多种多样：有些直接将整袋整袋的蜜带回补充库存；有些则带回五颜六色的花粉，从淡黄色到深褐色，几乎全齐备了，有条不紊地装在后腿的两个"筐"里；有些还从池子里捎些水回来。

蜜蜂

家务蜂将所有掠取物细细处理后再贮藏于库里。回来的工蜂往往全身披满了花粉，家务蜂便立即上前清理一番，再将刷下来的花粉归拢到一起。除了采集和贮藏这类比较重要的工作，它们还有别的任务。我们在蜂房门口可以看到一堆堆的废物被陆续往外搬，包括死蜂的尸体等，目的就是让房间时刻保持整洁。碰到侵入的蛞蝓等体积过大的动物，家务蜂便会选择用蜡予以掩盖。当然，通风也是必不可少的，只见一列列的蜂原地不动挺立在那里，连续不断地鼓翅扇风，从而驱逐污浊的空气，置换新鲜空气。顺带还有些显而易见的好处，譬如蜜可以迅速扇干，变得更为浓郁。为了提升效率，它们会分成一小批一小批的，累了还可以轮流替换。

蜂窝不远处，成群的蜂迎着阳光来来回回飞舞，却从不携带任何东西。这就是从不做工，反倒向工蜂求食的雄蜂，但也不能说它们绝对好吃懒做。第三种蜜蜂便是工蜂和雄蜂的生母——蜂后了，蜂后唯一的工作是在房内接连产卵，一个房间产一个，连续数周不停，幼蜂也随之源源不断地诞生。

至于房间的内务，则由其他工蜂负责。一些工蜂引领蜂后去往各个房内产卵并喂食蜂后；一些含辛茹苦地饲养着幼蜂；一些勤劳地制蜡或建造新房；一些做着些清扫修补的琐碎事情；一些承担着酿蜜、贮蜜的工作；

还有一些夜以继日地巡逻保卫，使整个蜂巢井然有序。

　　蜜蜂如此有条有理的群居生活不能简单地归为自然现象，它们能够亲自动手造房，绝对算得上是半驯养的动物了。人类历经多次试验成功配种，蜜蜂也投桃报李乐于听从人类的指挥。初夏时节，田野一片生机勃勃的景象，令人惊叹。养蜂人依然保持着摇铃和敲壶等迷信的习惯，但蜂群聚集并不因此而显著减少，与人类关系依旧。用钥匙敲平底锅等老方法是为了引诱蜂群，好使它们停在主人设定的地方。然而，靠敲金属器发出叮叮当当的声音用以召集蜜蜂并非行之有效的方法，有昆虫学家否定了蜜蜂受惊后还能听声音这种说法。

　　蜂群汹涌而来又是一番怎样的景象呢？大体而言，它们是从趋近饱和的蜂窝飞出来的。但事实也并非全然如此。初夏尤其是晴日的上午，这种现象极为频繁，蜂后结束产卵，只是在蜜排上不停徘徊，工蜂受其影响惶恐不安，于是蜂群汹涌而出，蜂后则负责收尾，先行的工蜂往往要等蜂后到来方能停下。然而，身怀多卵的蜂后飞行十分不便，一不小心就会坠地，守候不到蜂后的其他工蜂只能继续前行。或者它们飞一会儿后就选择返回原处，另外拥立蜂后，再行迁移之事。

　　不出意外，群迁的最终结果是又一个新团体的诞生。在英国的部分地方，很多结成团体的蜜蜂已然变得野性十足。决定群迁的蜜蜂没有预设方案，也不会先派遣间谍深入打探，全凭运气寻觅住处。但对此满怀期待的人可能要失望了，因为它们极有可能因为蜂后飞不动而被迫停下，最后迁往一个很不合适的地方。

　　群蜂总是如潮水一般一涌而出，它们在空中盘旋飞舞，宛若漫天风尘，动身前还要大吃一顿。这种场景与动怒无关，但确实群情激昂，成千的蜜蜂发出异乎寻常的叫声。不是吹毛求疵者也许还会喜欢这嗡嗡声，声音一方面来源于翅膀的迅速振动，其次则是空气快速通过气管窄口而导致的。

　　蜜蜂嗅觉灵敏，也许是因为某种香气与蜂后紧密相关，一旦闻不到了便意味着蜂后不在了。因此，只要蜂后尚在房里，它们就没有任何顾虑。聚集合围的蜂群密密麻麻，就像在足球场上抢球一样，但密度却有百倍之多。它们拖挂着依附在一根树枝上，集聚成团，甚至与人头一般大。养蜂人借机将它们一整串地移入清凉舒爽、整洁干净的窝里。其实这对蜂群而言求之不得。

　　博物学家特别有感于它们临危不乱还能同心协力的品质，我们也不应该再屡屡引用前人的说法——把人比作蜜蜂，正如以下这首诗所描述的：

　　　　女王疾闪而过却如鹰隼般速降，
　　　　跟随者聚集于细枝上，
　　　　像葡萄丛一样层层堆积，
　　　　只为求得暂时的休憩。

　　原来的居住窝蜂满为患后，往往会再划分出一部分另行组建新团体。当然，还有其他原因，或许是蜂窝空气流通不畅，或许是雄蜂过多过挤，又或许是其他地方令其不适，总而言之，它们在成群结队极度狂热地迁移。

　　老蜂后和新蜂后率领的蜂群有所区别。老蜂后是所有随从——工蜂和雄蜂的母亲，而新蜂后则是从老巢中的"王室"里发育而成的。若幼年蜂后知晓蜂房里有尚未孵出的姐妹，便会发出尖厉的叫声，这可以解释为一种嫉妒与愤恨。一旦空闲下来，它就会拼尽全力扯掉襁褓戳刺它的小妹，不达目的决不罢休。工蜂当然不会由着它任意妄为，持续采取如此残酷的手段。发出尖叫声的一两天后，这位毒辣的幼年蜂后便乖乖地领走一个二

代群。也有可能它会一直待在窝里直至成婚，在外受孕成为母亲后再返回，在这以后，除非是率领一次群飞出去，否则它永远不会离开。这是一个耳熟能详的故事，但依然带有强烈的奇异风味。我们都清楚，为了避免浪费，养蜂人会想方设法组织自然群迁，而他们所使用的控制法也在随着养蜂术的科学发展而不断进步。

入夏后，蜂群最为精力旺盛、活泼健壮、勤奋努力而又相处融洽，其他时间都是各干各的事情。秋天恐怕是最令它们烦恼的季节了，天气逐渐转凉，花也日渐萧疏，疲惫不堪的蜜蜂离开蜂窝后便不再回去，外来的蜂就会趁机抢夺蜂蜜。雄蜂的日子并不好过，工蜂可不能容忍白吃白喝不干活的同伴，干脆将它们消灭殆尽。不过，它们通常不会直截了当地屠杀，而是通过长期抛弃等间接手段予以解决。

入冬后，蜂群基本全体收工，纷纷围绕在蜂后身边过冬。但它们并非真的沉沉入睡了，只是为了降低生活机能，减少精力消耗。蒙眬中，它们互相传递着预留下来的蜜填饱肚子，并轻轻鼓动着翅膀报团取暖。

春暖花开之时，蜂窝里的蜜蜂终于又要忙碌起来了。幸运度过漫漫寒冬的工蜂开始着手进行大扫除，将新房修葺一新，余下的工蜂会外出觅食，而醒来的蜂后也会继续履行职责，挨个房间去产卵。

熬过冬天的工蜂往往是靠自己或者其他伙伴夏日辛勤采到的蜜过活。因此，这种类型的结社是相对较为长久的。土蜂则和黄蜂全然不同，一到秋天部落就四分五裂，能度过寒冬的只有未来的母蜂。它们一般会小心地隐藏在洞里，直到春暖花香时才飞出来组建新的部落。

土蜂

蜜蜂是嗅觉极为灵敏的动物，连蜂后在不在它们都能迅速感知，而它们表达感觉的方式就是改变嗡嗡之声。幸好，弗里希教授通过细致周密的试验意外发现了"蜂言蜂语"，这真是个新鲜而又离奇的故事。

寻觅到含有丰裕花蜜的花后，蜜蜂总是先竭尽全力自己往蜂窝搬运，不久几个伙伴来了，它们便越取越多，直至将花蜜搬取干净。神奇的是，这个时候其他蜜蜂不会一哄而上，似乎它们心知肚明，供不应求的花蜜不值得凑热闹。

对此，我们的疑问来了：蜜蜂是如何知晓到某一个时间点就不该再去凑热闹跟着采蜜？而最先发现花蜜的蜜蜂又是如何指引其他蜂前来的呢？

为了找寻答案，弗里希在蜂身上标注了记号，观察它们通过何种方法找到有花蜜及类似食物之处，接着他仔细看那些所采花蜜数量不一的蜂回窝后分别做何举动。一系列的观察下来，他对前述问题给出了合理的解释。

吸饱蜜的蜂刚返回窝，就兴奋地来回飞舞，一下子就引起了在一旁休息的工蜂的注意，它们像是得到了某种指令一般迅速出动。而若某只蜜蜂吸得的蜜很少，它就会沉默不语，工蜂自然也不会有任何行为表示。由此可见，回旋舞代表着有丰富的花蜜可搬运。

可是，后续行动的蜂又是怎样准确无误地寻到花蜜的呢？据以往的说法是依靠先发现者的带领，但由试验可知并非如此。其余的蜂总是凭借自己的力量探索，甚至飞至半英里外寻找。当然，它们不是不顾方向地瞎找一通，而是循着气味而行。实际上，最初的发现者返回后不仅带回了蜜，

还顺带回某种特殊的香味。飞舞时，其他蜂感觉到花的香味，才立即赶去寻找。

若蜜多但花无任何香味它们会做何选择？也许它们不会太在意花香，如果发现伙伴带回的蜜并非是从香花上采到的，那它们便不会去往这个方向寻找。还有一种说法可能更为恰当，即蜜蜂身体后段有一个能产生特殊气息的突出的腺囊，不仅人能嗅出，蜜蜂更是极为敏感。最初的发现者一边狂吸不止，一边伸出带有特别气息的腺囊，在花上分泌出一些气息，就这样，不管花是否有香味，散发的气息都能为后来者提供有价值的线索。上述线索非常有效，甚至超过先行者带路的效果。余蜂追随着花香寻觅，偶尔还会碰上同类植物，便又有了新的蜜源。

在狂风暴雨的侵袭下，花丛遭到损坏是稀松平常之事，那时蜜蜂也就不会频繁造访了。等天气转好，花次第绽放，探蜂便会再次跳舞示意余蜂前来。曾去过的工蜂若此时正在歇息，得知消息也会立即赶去。

搬运花蜜和采集花粉的工蜂原本没什么不同，但最后一对腿上的"筐"里盛满香花粉返回的工蜂飞舞起来格外不同，所发送的信息也更为有力。携带花蜜的工蜂一般是绕着小圈舞蹈，半分钟转12～20次，且方向不定。而携带花粉的工蜂舞起来往往更轻盈敏捷，它们一会儿向右飞半圈，一会儿又往左舞半圈。左右飞舞时以头前一条直线为轴，每摆动4～12次就会停下来歇息一会儿。一旁观看的工蜂注意力完全被吸引了，纷纷涌上前尽兴观看。

我们之所以反复强调弗里希教授的观察成果，是因为这些有益的经验大大改观了过去盛行的说法，即余蜂是由最先发现花蜜的蜂带领前去的。与此同时，这也体现了某种行为上曲折而又深邃的内涵，一经分析就令人惊诧不已。

昆虫的建筑成绩

我们都知道，有很多动物都极擅建筑。一些动物不仅建了房子，还造上一堵墙加以防御，却不用来居住；一些只造个哄幼儿睡觉的摇篮；一些建造储存粮食的仓库，且一房多用；澳洲花亭鸟造了很多花亭，仅为了自娱自乐；一些石蚕的幼虫搭就美丽而残酷的陷阱，以捕捉体形小的水栖动物；蜘蛛造网也是建筑的一种典型体现。

在温暖之处常能见到白蚁的垤，这是动物建筑的最佳范例了，它可以容纳数量多达几千只白蚁的大家族或大团体。白蚁与蜻蛉相近，与真蚁相似点反倒很少，甚至可以说截然不同，除了结社而居这唯一的共同点。白蚁群有一对蚁王夫妇，以及数量庞大的任务蚁、兵蚁和雌雄后备员，这样一旦在位的蚁王、蚁后遭遇不测，后备就能及时替补。任务蚁身长约半英寸。

花亭鸟

白蚁垤大多是用泥土和木头建造而成，其中使用的泥土有时候会先经由白蚁咀嚼，并通过食道和液体混合。经过这样一番处理，完全干燥后的土就会异常坚硬。此外，一些木头也逃不过被咀嚼的宿命，往往也是如此操作后再进行后续粘连。非洲南部的很多地方，白蚁垤甚至庞大如田里鼹鼠肆虐的鼹丘，高达1码，承受一个人的重量都不为过。荒野之处，白蚁

白蚁垤

垤还会更高。

而诸多白蚁中，建筑技能最超群的莫过于澳洲的罗经蚁了，又名指南蚁。它们总是建造高达10英尺，甚至20英尺的丘，断面呈三角形或楔形。尤为神奇的是，这些丘所指的方向简直一模一样，较长的面向南北，而三角形尖顶的两侧则呈东西方向。

身长仅0.2英寸的工蚁竟然造出了16英尺高的垤，真是匪夷所思。奥赛教授拿巴黎埃菲尔铁塔做类比，这座举世闻名的铁塔高度也不过是工人平均身长的187倍，而白蚁垤竟然高出白蚁1000倍。如此算来，埃菲尔铁塔起码要继续增高至5000英尺以上！

白蚁垤建筑高大宏伟，内部的构造也别有一番趣味。

据奥赛描述，垤螱建造的穹顶状的垤，高10英尺，靠近地基的墙厚达2英尺。猎人常攀缘而上，极目远眺。墙上分布好些通道通往各层，甚至还有可绕到顶部的楼梯。这些通道就是它们来来往往所经之地，而楼梯则是为了方便兴建者搬运泥土。地底下采石坑状的洞穴众多，白蚁从穴里挖掘完泥土后，便会将其留作窖和营窟继续使用。

垤底部建造有"皇宫"，蚁后就是在此连续产卵的，周围各个房间提供给侍从和卫队居住，稍远处还设有仓库，里面贮存着零零散散的植物胶质等东西。第一层作大厅用，由高3英尺的土柱撑持。第二层作育儿室用，白蚁将木材嚼碎后建造了很多形似鸽笼的小洞，在此抚育幼垤螱成长，而且室内四壁分布有一种菌，颜色鲜亮可以充当它们的粮食。最上面的第三层则设计为楼角，非常宽阔敞亮。整体而言，这座楼的设计非常精巧完备，匠心独运。

在牙买加等地方，一些白蚁的巢竟然建到了树上，一条走廊连通着树上的副巢与地下的主巢。此外，去往树顶还另有一条隧道。白蚁是生性对日光反感的动物。树巢所用的材料都是极细的木屑，往里抹些唾液就可以粘得非常牢固。小的树巢似拳头，而大的有酒桶那么大，都可以当附室使用。树巢外面陈设着一堵坚如磐石的墙壁，内部则分隔有许多房间。提起这个悬挂的房屋，我们就很容易联想到黄蜂的巢。

寻常的黄蜂和赤蜂等在地下造巢；有一些如挪威黄蜂选择栖身于树枝或空树身里；还有一些如锯蟸地上、地下都建有住处。在此，我们谈谈屡见不鲜的悬屋——小如丹橘，大似帽笼。

悬屋由纸或木质建造而成，为了获取这种材料，黄蜂往往会从柱、栅或光树干上下手。它们先在树枝上固定一根中央支柱打基础，把第一层悬好，向下的一面附着一些小间或摇篮。穿过第一层中央往下延便搭起了第二层，再往下是第三层、第四层……除此以外，黄蜂还会造些别的支柱，从第一层垂直往下连接其他层。每一层外面都覆盖有伞状的盖，依然使用纸样的材料，上下层叠，互相掩藏，加起来有12个之多。这样的房子整架轻便，不怕风吹雨淋，内里温度起码高出外面30 华氏度 ，仅在下面开一扇门。黄蜂费尽心思筑造显然益处不少。

黄蜂

一种计量温度的单位，单位为 ^0F 。华氏度＝摄氏度×1.8+32。

蜂巢有些值得我们注意的地方，一层层往上加，以七层最为常见。随着幼虫数量增多，整巢重量加大，黄蜂就会加粗加牢原有的顶上支柱。蜂后一般只负责最初的工程，待它完成原始间架、第一房的一部分以及若干伞状的盖后，工蜂已经长大，足够继续之后的工作了。每层的周围添些新的小间即变得更加宽敞，这样里面的盖必须割了，得另行在外层覆上新盖。工程在蜂巢里持续不断地推进着，每每进行扩改时，为了不损坏新涂上的尚未干透的软材料，黄蜂都会小心翼翼地站在已建成部分的边缘缓缓往后退。

据法国博物学家珍尼特统计，日耳曼黄蜂的地下巢七层房包含的小间数量有1.15万个之多，而其中1.1万多间用过两次，用过三次的有5000间左右。1904年，其所著的《普通动物》一书发行，这本书极富价值，书中测算一个拥有10~11排房的大巢即可容纳5万~6万只黄蜂。然而，能熬过寒冬的却只有幼后，对家庭而言也是难以忍受的悲剧。

显然，蚁建造的巢穴远赶不上黄蜂的悬家或白蚁的大垤。但稍稍降低些标准，我们亦可发现蚁巢的有趣之处。蚁巢的挖掘有赖于颚的合力，它形似矿井，井口为尖顶或穹顶覆盖，这样地下居住之处也更为温暖。印度有一种颇为奇特的蚁巢，别具一格，尖顶呈瓶状，6~8个圆壁垒环绕在外，最宽阔处直径有数英尺。

地下巢穴不仅像家，更似一座城市。在阿尔及尔，福勒尔教授曾对其做了一番研究。地下巢穴有6处孔口，彼此间隔3~10码左右，呈火山喷口状，孔口均由隧道连通，深5英尺。据教授估计，整座穴至少长达50万~100万码，每个"火山口"下都连有一个地下库，整体上看，就是一个大巢里住着一个巨大的群体。蚁常常用颚或者嘴旁特殊的毛夹把砂粒带出来后再予以丢弃。

　　拥有地下巢的蚁通常躲藏在干树皮下或干朽木桩里，使用木屑制作走廊和房间。它们也会在树上豢养蚜虫，以获取持续的粮食来源。秋天来临之际，它们要过冬了，就会把幼蚜虫迁移到地下，替蚜虫照看它们的卵。

　　有一些树蚁行事极为讲究，由它们的隧道就可见一斑。只见其在树皮上开个小门，凿通一条笔直的路，当然肯定不会毁坏树干，通过细分些支路以达到上下交错的效果。但有时候，由于凿穿了太多隧道，风一吹树竟然就折断了，木桥的柱或木屋的基也跟着损坏。当然，钻树的蚁和白蚁是两类截然不同的物种，不可一概而论。

　　如前面所述，一些蚁利用木屑作巢，并加些唾液或纤维等加以黏固。这种纸质的巢易长绒状的黑霉，蚁尤其嗜食。普通的纸巢长6英寸，大的长达2英尺。根据福勒尔的描述，巴西森林里建造有形状惊人的蚁巢，垂下来宛若石钟乳，如果再给其披上须子，那便与巨人的长髯无异了。

　　热带有一种闻名的缝蚁，总是成群结队地搬移树叶并进行缝合。然而，长大的蚁没有代胶物，它们又是如何成功缝合树叶的呢？原来，它们分工合作，其中几只先把树叶移近，其他蚁再使用幼蚁嘴里的黏液。工蚁

缝蚁

用颚紧紧咬住幼虫在树叶上来回涂刷，这个动作像极了涂胶水，它们就是利用幼虫吐出的黏丝粘合树叶的。幼虫在无意识的状态下促成了工蚁的劳动，这真是不可思议。综上而言，蚁的建筑各式各样，不一而足。

第十七章
甲壳动物的
生活状态

大体而言，昆虫是生活在空中的有翼生物。它们与大多居住在水中的甲壳动物不一样，如蟹、龙虾、小虾和斑节虾等，后者的肢或节肢像桨，非常适于游泳。几乎所有高等甲壳动物都具有羽状的鳃，便于摄取分布在水中的氧，譬如蟹和蝲蛄，其甲壳或角质层则含有丰富的碳酸钙和角素。甲壳动物存活之时，甲壳会规律性地按期蜕换。普通的甲壳动物都有两对触手或触须，昆虫仅有一对，而蜘蛛或蜘蛛纲则一对也没有。观察甲壳动物的生命史，可以发现错综复杂的脉络中蕴含着十分明显的突出变化。

除一科外，高等甲壳动物有19个节或环节，龙虾、蝲蛄、小虾、沙蚤、木虱都是如此。相对于高等甲壳动物，下等甲壳动物体形要小得多，就连节和节肢数量也大相径庭，典型的如水蚤、小海虾、茗荷介和藤壶。

淡水蝲蛄

生活在淡水里的无脊椎动物，像水蜗牛、水甲虫、水蚤等，几乎个头都不大。不过蝲蛄是个例外，它差不多有三四英寸长。蝲蛄酷似龙虾，只是个头偏小，大多带暗绿或暗褐色，夹杂点淡黄，腿部颜色差不多，偶尔带些红色。它们色彩变化多端，色质与龙虾也很类似，活着的时候呈蓝黑色，煮熟了立刻变红。

维克多·雨果 曾称龙虾为"海中的红衣主教"，其实这种描述并不准确。也许他指的是

维克多·雨果（1802~1885），法国作家，著有长篇小说《巴黎圣母院》《九三年》和《悲惨世界》等。

栉虾

石龙虾吧！法国沿海一带石龙虾很多，确实红得极为鲜艳。但一般的龙虾含有的是蓝色质，斑节虾身上则演变为红色的动物红色质，从化学成分看，与胡萝卜的胡萝卜色质几乎毫无差别。挪威产的俊美龙虾最为典型，被渔人称为海蝲蛄。

蜿蜒在欧洲大陆的河流大多产一种珍馐——淡水蝲蛄，英国泰晤士河和伊西斯河等处都有，到特威德河以北差不多就没了，爱尔兰是例外。它很可能像英国以外各地产的淡水蟹一样，是从海产远祖进化而来的。同样，淡水栉虾也源于海滨一派的老祖宗，木虱则把这种传承发挥到了极致，与陆上生活没有什么两样。

蝲蛄属于黑白颠倒、昼伏夜出型的动物，日间的阳光会令它极为难受，但夜里的炬或灯却对它充满诱惑，似乎非爬到跟前不可。在欧洲大陆河流劳作的渔人习惯在晚上举着忽闪的火光，从舟边撒网捕捉蝲蛄。

岸边，蝲蛄常凿深洞。它白天偶尔趴伏在洞口，伸出大钳等着捕捉食物。从蠕虫到池里的轮藻，甚至植物的根，各式各样的食物它都会

食用。

　　蝲蛄的四对腿中，有三对同时支地，前面三对发力往前，第四对则起推动作用。它拥有两对触角，助其在黑暗中寻找方向，前面的一对触角相对较短。基部的双耳负责平衡，如果不幸受伤，蝲蛄便只能腹部上仰着游动。它的嗅觉刚毛长在短触角上，味觉刚毛则长在口附近。那两只带柄的复眼则专门在白天供其差遣，眼构成一个正立的镶嵌像，完全不同于脊椎动物眼睛网膜上所构成的倒立的单独像。照此看来，蝲蛄的感觉器官可谓一应俱全，相较之下，听觉器官显得不怎么齐备。

　　蝲蛄的移行法不止一种，除了靠腿行走，还能游泳前行。一旦嗅到危险的气息，它就会使劲把尾向下、向前一击，从而推动身体前进。这种击水方式虽然矫健有力，豪迈敏捷，但维持不了多长时间。它用腿行走的时候头部是向前的，游泳的时候恰恰相反，尾部朝前。

　　如果将一只活泼的蝲蛄头倒立置于桌上，钳摊开，那么它很快就能进入催眠状态，并长时间维持着这一姿势。有人曾在室内做过这一试验，结果发现它可以竖立5分钟之久。如果抓获者小心拿着，就能感觉到它尾肌想动的欲望强烈，但却受到人的阻挠。于是双方便产生了矛盾——大脑发出指令要求肌肉动，肌肉却无法动，最终导致神经系统疲惫不堪，肌肉亦越发僵硬。对动物而言，催眠和僵直虽只差一步，但不可同日而语。蛙、鸡、食用蟹甚至豚鼠都可以进入类似的状态，至于意义何在还难以阐释。不一会儿，蝲蛄便恢复成原来的样子，挣扎一下倒在桌上，之后速速爬走。其实，在自然环境里，蝲蛄完全不会出现催眠状态。然而，眼见它脱去一肢自救，也是让人惊诧万分了。

　　秋天到了，母蝲蛄往前弯着尾巴，形成一个临时的盛卵筐方便产卵。卵看起来像极了小而未熟的白加仑子。它尾下分泌的胶流进筐里，使卵紧紧地黏在了小的桡状肢即桡脚上，只等着雄蝲蛄来授精了。待在安全的环境里，卵发育得非常健康，不过要孵成幼蝲蛄还得等到次年初夏。带卵的雌蝲蛄被称作"带了浆果"或"怀了浆果"。

刚出生时，淡水动物被冲进海里的危险性很大，而应对风险的办法之一就是吸器和扼器。幼蝲蛄大爪的尖端是往里面弯曲的，双腿末端呈钩状，在这些器官的帮助下，幼蝲蛄可以轻松地抓住母体的桡脚或那些依旧黏着其上的空卵壳。还有一个办法就是缩短幼年期，属蝲蛄最为典型。刚从卵里钻出来的幼蝲蛄，除了个头稍微小点，基本与成年蝲蛄无异。

一些身披甲胄的动物，如刺猬，在逃离危险时多了一份保障。但是，这些甲胄也算不得什么武器。有些动物凭借利器保全自己，例如乌贼就有攫取掠夺用的臂和鹦鹉喙状的颚，但和甲胄没什么关系。蟹目不一样，它们的武器可攻可守，那有力的大螯既能有效地攻击敌人，还能巧妙地夹击。此外，那由石灰质和角素构成的甲胄也能尽职尽责地守护好它们。即便有乌贼等故意上前刁难的敌人，蟹目依然能在这场生存战中坚强挺立。海滨一带并非和平到没有任何纷争，那些毫无准备的生物或懒家伙在此毫无立足之地。就算是兼具攻守利器的蟹目也得努力打拼，装备上很多发明，才能保住自己的地位。从中可以看出，生存是一场没有硝烟却无比残忍的战争，其中的竞争内幕又是何等高深莫测。

滨蟹

寻常的滨蟹，幼时的壳色与其所经之处的沙土或沙的颜色相近。海滨水潭的岩石各式各样，附着在上的石灰质海藻也各有不同，因此色彩繁多，有的带红，有的带绿，有的带灰，难以计数。幼蟹个头很小，都没有小指甲大，所以当它一动不动地伏在那儿，几乎与潭融为一体，别人很难发现。即便专门蹲下身寻找，也没那么容易把它找出来。关于壳是如何变幻颜色的，目前我们还没有弄清楚。

我们喜欢在海滨捉蟹，玩一会儿再将其丢回水中，其实这样的蟹虽然很小但已经差不多长成了。母蟹携带着藏在尾巴下的卵来回游着，孵出来的幼蟹往往才针尖大小就被冲入了一片片无际的海水里。娇嫩柔弱的幼蟹很难扛得住岸旁石堆里的跌跌撞撞，它们缓缓地发育成长，待长成小蟹就会离开水面，爬坡上岸。

沙蟹和狭喙蟹常有乔装掩饰的行为，这不禁让人联想到蟹也许非常聪明。它们捡拾海藻，轻轻地咬住再披在壳背上，一片一片的海藻就这样挂在蟹的细刚毛上。这幅画面宛如身上背着一座秘密花园。有时候，蟹也会用海绵、小虫或其他动物的碎块来隐藏自己，目的就是让自己"消失"，就像之前生活在岸边的沙石堆里一样。即便在人工水池里，它们也会兴致勃勃地披层外衣以示炫耀。如果往池子里丢一些色彩斑斓的碎绸进去，它们立马就会靠近穿起来玩耍，似乎遮盖隐藏自己是本能的命令。身处人造环境里，在这种本能的驱使下，它们可能会受到误导，对此我们习惯就好了。

蜕壳过程

昆虫、蜘蛛、甲壳动物等节肢动物一生中必然都会经历蜕皮或蜕壳这一神奇的过程。众所周知，在某几个季节，哺乳动物会掉毛，鸟会换羽，但几乎没人知晓蛇是如何蜕皮的。实际上，节肢动物蜕皮或换壳的过程与前面几类动物截然不同。使用专门术语可以避免异物同名，防止知识混淆。我们必须清楚，蟹、蝎或发育中的蜘蛛蜕掉的不过是层毫无生命的壳或角质层，而毛、羽和蛇蜕是由某一时期的活细胞所构成。说到底，角质层没有生命，不含活细胞，只是外表的保护层而已。它们由下面的活皮肤生成，可以再造，加之其不能自行生长，所以只能丢弃。

线虫是最原始的蜕外皮的动物。它们皮上覆盖着一层薄膜，虽然结实坚固、闪闪发光，但没有任何生命力，一旦变硬就会影响线虫的生

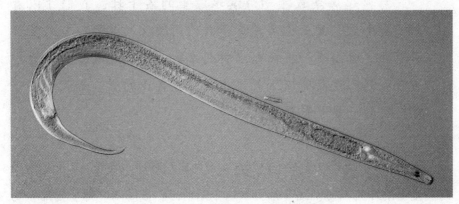

线虫

长。相较之下，节肢动物的外皮又硬又厚。蜈蚣、昆虫、蜘蛛和蝎子的外皮均由角素构成，这种物质坚硬无比。除此之外，还有碳酸钙辅助强化外皮，蟹和龙虾的外皮甚至变成了坚甲。除蜉蝣外，所有的昆虫在长有翅膀后都停止了蜕外皮，因为自此以后就不会再继续生长了。换言之，昆虫只在幼时生长蜕皮，即所谓的幼虫阶段，蠋、蛴螬、青虫、蛆都处于这一阶段。

> 甲虫的幼虫。

> 蝴蝶、蛾的幼虫。

蠋一般要蜕5次，蝴蝶或蛾就没有这种顾虑。

蝗、蚱蜢和蟋蟀等直翅目都不需要经过蠕状的幼虫期。甫一出卵，它们已经与成虫相似，只是少了翅膀。但它们发育速度很快，接连不断地蜕皮，最后长足后再生翅膀（无翅的直翅目昆虫除外），此后便结束了蜕皮。我们必须认识到，蜕皮或"换外皮"是一个必不可少且至关重要的过程，外皮无法像活着的物质一样生长扩张，动物要想继续成长，蜕皮是必经之路。每每蜕去旧皮，动物似乎在一瞬间突然长大，直至新外皮变硬。相对于蟹、龙虾和其他甲壳动物，昆虫更进一步，尚在幼时它们就会迅速蜕掉该蜕的皮。蜕皮已经成为它们生命历程中不可舍弃的过程。

为了更明晰地描述蜕皮过程，下面以蟹为例。

打捞起海藻或搬动海滨水潭里的石子时，我们可以看到一些小穴，里面似乎藏有两只不同颜色的滨蟹：一只呈鲜草绿色，像湿布一样抓起来特别柔软，这便是刚蜕皮的蟹；另外一只不过是蟹蜕下的死壳，并非真正的蟹。如此一实一虚，实乃一物一影罢了。

细看之下，蟹蜕就是蟹的肖像画，像两对短触须、眼壳、每肢的外壳以及全身的外壳，每个细节都可以从中体现出。被海水冲掉了内部软物

质的死蟹，其留下来的枯壳和
蜕异常相似。蟹蜕壳时，背甲
沿身体四周一条扭折的分裂线或蜕
解线松脱下来，变成一盖一底，这是为了方便蟹脱
身。它一般先蜕出宽阔的背甲部分，然后抽出塞在下面
的尾巴。若顺着清晰齐整的蜕解线揭开看蜕壳，会发现还
留存着蟹全数鳃的外罩和带有诸多肌肉的腱。可见，这样的蜕皮法
非常彻底干净，丝毫不拖泥带水。

龙虾

值得注意的是，蟹或龙虾的壳或外骨与龟等脊椎动物迥然不同。龟的
鳞甲富有生命力，而蟹壳完全没有。前者由造角质的活细胞构成，随着龟
慢慢长大，其鳞片也能逐渐扩大。但蟹壳不过是一层由底下活皮肤生成的
角质层，只能不断蜕换。角质层由角素构成，这是一种具有抵抗力的有机
物质，在碳酸钙的加持下，壳变得更加坚固。蟹、龙虾及其亲属都带有这
样坚固、不重却经久耐用的壳，且大部分都无任何感觉，除了突出的细刚
毛。这种一级好的甲胄，一般要紧处都备有保护层，可自由伸展收缩，甚
至还可弯曲，譬如肢节的相接处。但无论如何，一旦披甲必然要蜕皮，因
为壳里的动物需要生长，而死壳却不能。在生长过程中，蟹或龙虾常会碰
到生理上的问题，"衣服"越来越小，而蜕皮是唯一的出路。随着旧的刚
蜕去，新的又尚未变硬，它们的生长将达到一个前所未有的速度。

蝲蛄刚出生的第一年蜕七次皮，第二年五次，第三年三次，依次递减
直至停止。这样递减意义极为明确，毕竟初生的生长率肯定偏高，之后就
会慢慢降低，不会那么频繁了。蝲蛄停止生长之时就是蜕皮结束之时。如
果我们看到蟹和龙虾身上盖着的是藤壶和其他动物，这便意味着它们已经
不蜕壳很久了。

正如前面所述，角质层往往蜕换得很彻底，所有肢节的肌肉要从鞘里

抽出，留下腱里那些毫无生命的几丁质条。此外，眼罩和耳的覆盖层也必须蜕掉。蟹和龙虾体内藏有精巧细致的磨或沙囊，它们都是由外表皮肤向内挤压而成。这些带有压碎用的齿和筛选用的刚毛的外皮层亦须更换。沙囊的衬里裂开通过口脱落，甚至藏在里面的咀嚼器也必须跟着不断蜕换。如此一遍又一遍反复更替无疑费力伤神，动物为此疲惫不堪。

破裂的危险也时刻伴随左右。当动物将各肢节结实的肌肉从狭窄的关节抽出来时，更是危险万分。脊椎动物和节肢动物在构造上大相径庭，前者肌肉长在骨骼外，且骨骼是可活动生长的，后者则恰恰相反，例如蟹、龙虾、甲虫、蝎子。不过在整个动物界中，生长时最受苦受累的绝对是蜕皮动物了。

另外，刚蜕皮的动物身体虚弱，软得跟湿布似的，对天敌毫无抵抗力。于是，它们只能暂行躲避消失几日，蜕皮的场所也选得极为隐秘，可以说英国很少有人见过龙虾蜕皮的情形。以上都是蜕皮动物面临的种种危险，它们抛掉了眼罩、耳罩、肌肉的腱，又放弃了沙囊和颚。在这样极度虚弱的情况下，要求它们挺身而出显然是天方夜谭，静伏不动才是唯一的选择。

食用过龙虾的人都清楚，一整块最大的肉都藏在大螯后第二节肢里。这是一块健壮有力的肌肉，专用来闭合大螯。当然其他肢也有类似的肌肉，但却小得多。龙虾有19对节肢，那么这些大块大块的肌肉又是如何从既窄又弯的关节里抽出来的呢？试想一下，我们把手指从手套里缩出来可谓轻而易举，可若放手指处多出些坚硬的隔层，且只留点狭窄的缝隙，那么手指又怎么抽得出来？解决这一难题饶有趣味。实际上，肌肉是由生长的活细胞组成，富含水分，生活物质含水量可达90%。在即将蜕皮之前，肌肉会预见性地脱水，将体积缩小至四分之一甚至更小，这样肌肉就会很容易从腿里的窄道中抽出来。过去博物学家总以为肌肉须化成液体方可通过，龙虾快蜕壳时如若有机会剖开节肢观看，你就会明白，里面藏的不是液体，事实远胜于猜想。"先亲见再解释"，法布尔常这样讲。

第十八章
蠕虫状的动物

很多种动物都有着蠕虫状的身体，譬如蚯蚓、沙蟊、水蛭和线虫等，但各自的构造却大不一样，因此就有了分成若干目、纲的必要性。等级较高的蠕形动物的身体生有一些相似的环或环节，称为坏节动物，蚯蚓、海蠕虫、水蛭等都属于此类。相对低等的蠕形动物没有环节之分，绦虫是例外，其身体由一长串扁平芽状体连成。下等蠕形动物，如线虫、带虫、绦虫和寄生扁虫，大多是寄生。我们大致可举出这几种典型的蠕形动物，其中蚯蚓最为熟悉，便从它谈起。但要注意的是，很多我们自以为熟悉了解的动物，包括板枝介和海豆芽，它们看起来虽然不像蠕虫，但实际上也被一些动物学家归为"蠕形动物门"。

蚯蚓的工作

通常草地上都会出现一小堆的细泥，这说明底下很多隧道工正在勤勤恳恳地挖地道。白天它们总是竭力躲藏在很深的地底下，只有晚上才会钻出来，你提灯去草地上照照就知道其数量之多了。蚯蚓是夜间觅食的动物，但绝大部分都不会全身钻出，它往往会把尾巴藏在洞里，只警惕地伸出一段，这样一旦遇上危险能立马缩回来。蚯蚓的身体分成很多节，多的可达200节，由于伸缩性强，它常常一边藏着尾巴，一边奋力撑开弹力十足的身体，缓缓转动头画圆圈。蚯蚓尖端非常敏感，呈尖罩形，下面是口，上面的尖端则负责寻觅叶等食料，并帮忙搬回隧道。

为了掩藏洞口，蚯蚓常会去找些叶子过来，这样其他动物看不见洞口，内部也不至于太干。毕竟蚯蚓是喜湿动物，虽然它不在极湿处繁殖。

蚯蚓洞可以挖得很深，有些深达数英尺。它的皮肤可渗出一种黏液，与泥土混合后即可加固洞壁。洞底部相对

蚯蚓

宽阔，是储存叶的好地方。蚯蚓一般会吐出一种消化液盖在上面，不久后叶就会变得柔软而可口。

蚯蚓连续不断地钻地，一面用善感的头部探路，一面用身上的肌肉推开土壤。每每靠近地面时，它就会感觉得到，因为它前段身体是感光的，也弥补了没有双眼的缺陷。此外，它也没有耳朵，鸟在草地上跳，它也无动于衷，但神奇的是，地面震动穿越土壤产生的微小的余波，它却有所察觉。蚯蚓是昼伏夜出的"隐形动物"，即便如此，也不妨碍它有诸多天敌。如果某条夜出的蚯蚓忘了在天亮前赶回，不幸被鸟撞见，便会惨遭啄食。好动的蜈蚣喜欢钻蚯蚓穴，鼹鼠亦是个不折不扣的隧道工，常常兴致勃勃地掘穿蚯蚓的地穴找蚯蚓果腹。寒冬时节，蚯蚓聚集在一起藏匿，正好让鼹鼠饱餐一顿。

若碰到土壤过硬或植物的根太密的情况，那么蚯蚓会放弃挖掘，而是一路吞着泥土行进，将吃进去的泥土再排出去。其实这也是获取土中食物的方法之一，但如果眼前有现成的腐烂植物，它就会直接吞食，经由喉管进入一个叫嗉囊的膨大部分，接着是有着坚韧肌肉壁的沙囊，内里常藏有细石，类似于一座强劲的磨，能轻易地把土壤碾成齑粉。最后再经过剩下

的食道，把生物碎屑消化，而无用的土壤就从身体后方排出。排掉的细土壤夹杂着消化液，盘成一小块地堆在洞口附近，"蠕虫弃土"就是这样来的。

蚯蚓的劳作与人类关系密切。虽然它们也会干点坏事，偷些壳类和胡萝卜的苗叶尝尝，但与功劳相比，这点危害完全不值一提，比起昆虫幼虫和蛞蝓简直是小菜一碟。当然，蚯蚓也不是好心好意地故意要帮助人类，一切不过恰好顺应了它们的自然生命规律。说起钻土的动物，蚯蚓取得的成绩最为瞩目。田鼠和鼹鼠等钻土动物虽然体形大得多，且总在农田下挖来掘去，但它们的成果加起来还比不上每亩田野里那成千上万条蚯蚓呢！

达尔文曾细致地研究过蚯蚓，也耐心地观察、试验、计算过，最终得出的结论令人大吃一惊，原来蚯蚓可以为增加土壤肥沃度做出如此大的贡献。

蚯蚓穿地的时候顺带也翻松了土壤，这样一来，空气、雨水可以更好地渗透，植物的支根也更易伸入深处攫取食料养分，而依靠腐叶化成的土壤，植物长得尤为迅速。蚯蚓吐出消化液，再将其涂在埋好的落叶上，助其化为肥沃的土壤。不久后，原来的蚯蚓洞崩塌，土块随之下坠，新的土壤露出，开始全方位地接受雨和空气的滋润。之前经由沙囊捣碎再被蚯蚓排泄出来的土壤细粒，各种成分也已混合得更为细密。对草而言，蚯蚓粪绝对称得上无与伦比的肥料，在这样连续不断地吃土搬运、再排土到洞口的辛勤劳作下，久而久之，地面上的土壤焕然一新——既细密又肥沃，这些全归功于不辞劳苦的蚯蚓。

总而言之，蚯蚓的工作内容就是挖掘、埋盖和捣土。看似微不足道的小动物如何发挥这么大的作用，其中奥妙难以言说。1777年，怀特记载：

> 虽然蚯蚓在自然界里渺若尘埃，可要是失去了它们，
> 便会产生一个无法弥补的缺憾……没有了它们，植物生长受
> 限，无法顺利发育……没有了它们，地里很快变冷变硬，失
> 去发酵功能，成为不毛之地……

怀特言简意赅地介绍了蚯蚓掘、埋、捣的重要性，加上达尔文严谨细
致的观察和准确无误的计算，我们才清楚地知道小范围的勤勉会产生何等
大的聚变作用。

　　在研究室里，达尔文特意蓄养了很多蚯蚓，将其放置于
大花盆里开展试验。他默默观察蚯蚓是怎么抢夺食物的，最
爱哪种植物，面对各式各样的叶它们做何反应，以及所分泌
的消化液对叶有什么作用。此外，他会关注蚯蚓最活跃的时间
段，并了解某一个时期内身体究竟吞食了多少土壤等。到了室
外，他还会提着灯以观察它们的活动，对结果再行比较。
　　据他初步测算，平均每亩园地藏有5.3万条蚯蚓，农田差
不多有一半数量。当我们了解这些庞大的数据，就会明白几千
上万的蠕虫，它们夜以继日的掘、埋和捣是多么举足轻重。

为探究蚯蚓改变地面的方式和过程，达尔文又开展了一个试验——标
记一些石块以观察其下陷的速度。

　　很多年过去了，他发现大石块的下沉速度竟然慢于相对

薄小的。怎么会这样？原来蚯蚓是畏寒动物，而大石头往往很厚重，阳光晒不透，底下必然阴冷，所以它们纷纷躲到了较薄较小的石片下抱团取暖，并在此挖洞。慢慢地，洞无法支撑下去崩塌了，石片就随之下陷。

达尔文试着在一块田上盖了垩块，静观其变。然而整整30年过去，蚯蚓照忙不误，垩层竟然下陷了7英寸之多。有个这样的故事，某处"石田"崎岖枯瘠，硬燧石遍布其中。任其发展了30年后，"石田"竟演变成了光泽细腻的土壤，连马在上面来回奔跑都踩不到一块石头。

达尔文继续试验。他把各种乡土划分成方块，一块块地搜集蚯蚓粪，一天一收一晒，再进行称重。就这样操作了一年后，他计算出每方块地一年产蚯蚓粪3.5磅，这意味着，一亩地一年起码要翻新7吨泥土。

至于园地新翻的土壤，达尔文也进行了测算，每15年就有3英寸厚。如果以这样的速度下去，一年内蚯蚓在英国所排出的泥土就可达32000万吨。

闻此令人叹息，我们对蠕虫的依赖真是难以想象，如果没有蚯蚓翻松和增肥土壤，农作物该如何生长？还好，这些小动物遍布整个地球，最高可到达海拔约10000英尺的地方。但在极热或极湿处，蚯蚓也难以存活，要么太干不易繁衍，要么太湿容易淹死，另外在海边咸水处也无法生存。

其他很多观察家也纷纷效仿达尔文的做法，计算蚯蚓对土地做出的具体贡献。在西非某地，土壤极肥沃又卫生，2英尺深度以内蠕虫就难以计数。每过27年，下面的土壤就要被翻上去一次，这种自然耕掘真是有效极了。

关于蚯蚓对人类进步所做出的重大贡献，达尔文得出以下结论：

当我们愉悦地欣赏着绿草如茵的土地和片片平原等美好的景色时，我们就该牢记一切多亏了蚯蚓平整地面。试想一下，这上面的全部土壤都曾经并将再次经由这些小蚯蚓的身体，并且每过几年就要反复一次，是多么神奇的事。毫无疑问，在所有人类的发明中，犁最古老也最有用，但人类尚未出世前，都是蚯蚓在按部就班地耕地，任劳任怨，绵延至今。论起与人类的关系，至少在整个世界史上，我想不到还有其他动物可以与这些内部结构简单的蚯蚓相提并论。

蚯蚓及其淡水亲戚并没有节肢，但它们有成群排列整齐的刚毛，这些刚毛便是节肢的余痕。而很多海栖蠕虫的大部分环节上都具有似桡状的成对节肢，且节肢上长有众多刚毛。细细的腺体分布其上，受到光线的照射后即呈红色。其中最光彩夺目的莫过于海兔了，它在水中闪耀着绚丽斑斓的色彩，看起来像海虾。海栖蠕虫种类多样，总称多

海栖蠕虫

海兔

大沙蚕

毛亚目。蚯蚓和一般的淡水蠕虫归为少毛亚目，两相对照下，我们经常见到的那些海栖蠕虫，如沙蠋和沙蚕等大多栖身在管道之中。

大沙蚕是一种非常有意思的多毛亚目蠕虫，它生活在珊瑚礁上，繁殖具周期性。10月下旬时，居住在太平洋珊瑚礁上的大沙蚕开始生产，过一个月将再度生产。而神奇之处在于，头夹到珊瑚缝里时，它那装满了生殖细胞的后半部分竟自动断离，随波浪漂流，在水中分裂开来释放出生殖细胞。一瞬间，海上遍布"蠕虫"，绿油油的宛如浓郁的通心粉汤。其可是原住民的最爱，一把捞上来纵情大吃。陆蟹也不愿放过此等美味，特意亲临海滨品尝。受精的卵细胞在发育成自由游弋的幼虫后大都寿命不长，好在基数大，死去一些也没太大关系。那些不幸夹到珊瑚缝里的头部，竟然能重新长出尾段，真是匪夷所思。

萨摩亚岛和斐济岛上同样有大西洋产的大沙蚕。虽然它们也周期性地繁殖，但和太平洋珊瑚礁上的种类不一样。一般6月29日到7月28日间，下弦月的3日内它们会聚集在一起散卵。

根据迈耶博士的描述，长大了的大沙蚕从穴缝出来后，将在水下12英尺深的珊瑚丛里抛掉后段。至于后段，雄性呈鲑肉红或暗绯色，雌性则呈绿灰或褐色。它们在水面游来游去，尾部朝前。太阳即将升起之际，晨光熹微，洋面上的蠕虫骤然收缩。动作如此之剧烈竟致爆裂，光也能使肌肉抽搐不已，但这只是其中的一个原因。六七月间的下弦月总是珊姗来迟，大沙蚕此时就会提前到上弦月时产子。10月和11月间的新月和满月时分，日本大沙蚕及其远亲都会纷纷产子。除此以外，其他种类每两个月会产子一次，以潮汛作为约定期限。

迈耶博士做了两个颇有意思的试验。

在大沙蚕生产前30天，他在一个平底船状的养鱼槽里放了好些碎石块，石块上载着11条大沙蚕。养鱼槽装水至半满时他才将其推至海面上浮着。这样便造就了一个没有潮汐的海上环境，结果四条大沙蚕一如往常地产子，生育丝毫未受到潮汐的影响。但它们似乎早已习惯了应对潮流的节奏，并随之产生反应。迈耶博士认为，若槽中的水流动得更彻底一些，也许其他几条大沙蚕也会跟着躁动群起产子。

进行第二次试验时，迈耶博士在养鱼槽上盖着木板以防止透光，所以月光也照不进来。结果二十二条大沙蚕全部偃旗息鼓，拒绝产子。

由此可见，月光是必不可少的了。然而，特雷德韦尔博士后来的试验结果却恰恰相反。看来，非得多试试或者多些样本进行个别试验才能获得更为准确的结果。福克斯提醒道，海胆一旦成熟了，撒精的雄海胆就会引发附近两性成熟的海胆群起释卵或撒精。释卵的雌海胆同样能激起成熟的雄海胆撒精。产卵和排精同时进行便能使卵受精的成功率大幅提升，大沙蚕亦是如此。

213

第十九章
棘皮动物

砂海星、海胆、海王瓜和海百合等可归为一类海栖动物。待长大后，它们的身体对称呈辐射状，与一般动物的左右相称完全不同。此外，它们倾向于积聚碳酸钙，并以此来制造甲板和棘，充当身体的保护内部的间架。不过，骨还称不上，那是脊椎动物所特有的。随着棘皮动物慢慢长成，其石灰质间架也在同步扩大，因此没有如甲壳动物一般的蜕壳一说。在遇险时，它们会立即抛弃身体的一部分，让其重新生长。棘皮动物的神经系统简单到不可思议，连神经中枢（神经结）都没有。它们的"水管系"非常奇特，可以辅助移行和呼吸。棘皮动物大部分小时候都能自由游弋，这点与父母截然不同，所以相对而言，它们的生活史非常坎坷曲折。

砂海星和它们的亲族

离开了水的鱼无法生存，十分凄惨。当然也有例外，比如热带海岸石堆和茄藤上爬着的跳跳鱼，或生活在干潭底下洞里的肺鱼，呼吸着干空气，一躲起来就长达半年。失去大海的砂海星就更是孤苦无依了，瘪着的样子与漏了气的车胎无异。水一旦流干，它也就没命了。看着种种情景，我们能深切地体会到所谓生命原来都只是水的杰作而已。尤其需要注意的是，生物质含水约80%。因此，只有亲自去到海滨水潭，通过实地考察，我们才能真正了解砂海星的生活状况。

砂海星翻身到水里的石头上，这一情景看起来趣味无穷。在水力机的驱动下，它通过一片穿孔的背板吸水，背板简直就是喷壶的喷口，和莲蓬嘴一模一样。吸进去的水经由一组水管分流至五条臂下、五道深槽里以及千百支极具吸力的管足里。满载了水的管足就像装了水的水龙软管一样瞬间紧张起来，砂海星便是依靠它们——类似于凭借手指的力量支撑于石头上。之后，水从管足流出，继而进入各臂内侧一排

砂海星

排泡状的小蓄水器，也就是贮水胞里去。由于管足端和石面之间留有些真空，砂海星才能紧紧依附在石头上。而通过收缩管足壁里的肌肉，拉短距离，它就可以轻松地靠近所附着之处，这一原理就跟大船通过收紧大缆绳而靠拢码头一样。至于离开石面也需要充分利用水，砂海星拼命挤水，将其有收缩性的贮水胞挤进管足，从而解除真空，放开管足，最终与石面分离。砂海星也要随之往下坠，还好另一臂上的五十来支管足之前已经附着在了较高处，才得以拉住它，助它爬到石上去，但速度接近于蜗牛了。

　　海滨波浪起伏，实属常见，如果冲开了某块石头，就很可能压到一些倒霉的动物。砂海星的臂若被重石困住，或者有海参闯入想用口内分泌出的硫酸来腐蚀它，那么它只能使出绝招——自裂。自裂这种牺牲小我而拯救全局的方法极为有效——毁伤自己的一部分，但却能护住全身。情急之下，砂海星果断舍掉一臂，等脱离危险后再平静自如地长出来。每臂下侧的槽里都分布有一股神经细胞，五股最终汇集于口旁的五角形处。另外，砂海星身体各个部分也都分散有神经细胞，但它没有脑，也就没有了神经中心或神经结，因此即便断掉一臂，它也无甚感觉，就如我们不小心碰到

了发烫的物体会本能性缩回，一切与意志无关。这种反射动作不需要动物特意去领悟，跟人类技巧的养成一样，学习时没有任何理念类的东西。经过长时间的进化，砂海星竟然在组织上而非心灵上学会了丢卒保车的艺术——舍掉一臂护住全身。

砂海星是肉食动物，嗜食壳菜和小牡蛎，连捕鱼者的钓饵都不放过，这一点与那些软口或无颚动物截然不同。捕鱼者对此怒不可遏，一抓着砂海星，就会将其四分五裂再丢入海里。然而，大仇其实难以得报，因为砂海星生命力极其顽强，只要环境适宜，几乎每条臂都可再次长成砂海星。比如我们经常捕捉的彗状砂海星，一臂即可长出原已失去的四臂。

砂海星食欲惊人，虽有些决断力，但总体而言智力低下。岸旁水潭里的小海胆是它的猎物，它常用一臂插入海胆身上的丛棘里，软管足随即遭到大棘堆里夹藏的几百小叉棘的戳刺。后者宛如三刃剪刀，一插进管足就难以脱出，砂海星立即收回臂将叉棘连带着拔掉。它就这样一只臂一只臂地来回更换，从容不迫，直至将海胆拔光叉棘。砂海星的确无脑，这并不是一个最简单直接的方式。但是它目标明确，不达目的不罢休，知道非努力不可。

海胆

海胆也是典型的海滨动物。很多海胆早就离开了浅水，改投入深海的怀抱。它们外形奇特，大多呈球状，棘刺遍布全身。以前，人们认为海胆产自海里，与陆地上的刺猬差不多，因此称之为"海猬"。实际上，二者毫不相干，刺猬是哺乳动物，海胆是棘皮动物，只有多刺这个唯一的共同点。

海胆这个活球体的最下端有一小口，口中长着5颗坚硬的牙齿。环绕其外有10支专用来进食的大管足，再往外是一道宽软的长了诸多棘的圆环部。环和坚壳连接之处，10个分支的鳃分布其中。正常情况下，健康的海胆会在水里把这些鳃露出来。对应的上端有一结构复杂的顶盘。如要仔细观察，须拔掉海胆的棘。盘中央有5个带孔的板片围绕四周，生殖细胞就是从这里散入海中的。各片间还有5块较小的板片，善感的触手状的管足穿越而过。所有的内排板片中有一片格外大，上面生有许多喷壶口一样的小孔。海胆便是靠着它们将水抽进来，继而送至周身的水管系，便于移动和呼吸，这点和砂海星非常类似。

简而言之，从上到下，海胆身上并列排布了5条宽阔的长满棘的子午线带，以及5条狭窄的长了棘和移行用的管足的子午线带。长成后，海胆顶盘附近又会增加新板片，每一片都是依靠周围活组织的加入而增长。

海胆共有三种移动的方法：

利用可指向各方的棘充当高跷；

效仿砂海星用管足爬石，即首先在某个点上固定，接着收缩，更换交替以附着在较高地点；

伸出五齿，在相对平整坚固的泥滩上齿尖撑地跳跃前行，边移动边摇晃个不停。

海胆

为观察这个奇特的机械，我们可以试着解剖死海胆。早在2000多年前，亚里士多德就发现了海胆的五齿，因此海胆又被称为"亚里士多德的灯笼"。五齿可以压碎海藻和小动物，能当咀嚼器用；还可促进呼吸，一种金黄色心脏形的海胆仅用棘移行，却可穿沙为穴；其管足可采集微细生物，再将之送入口旁其他管足上，最后进入食道。

提起海胆的运动方法，我们很容易联想到海胆壳上各棘间那润滑的石灰质小球。海胆在斜面移行时，棘就会变形往下垂，这样海胆便清楚自己所行的位置。这种"平衡器"类似于我们耳部的"重力囊"，帮助维持直立姿态，而不至于在奔跑时前俯后仰，一片狼狈。

如果将一个海胆放置于水盆里，便可以清晰地观察到它发出的一系列动作：棘在球窝关节上来回摆动着；半透明的管足为寻觅附着之地到处试探；棘丛里的小叉棘携带着毒质支撑在梗上漂荡，一只蛙不幸闯入被戳，心脑活动旋即停止。好些无意触碰到海胆壳的小生物惨遭刺杀，海胆捕捉后将其送至管足再推入嘴里。各棘分工合作，两棘合力钳得一粒果仁，第三条再上前予以捣碎。

海胆的皮肤如薄纸一般透明细腻。它的皮上遍布细密的纤毛，像人类的气管一样不停摇晃着。每一叉棘、每一棘均能单独行动，无须任何辅助。海胆无脑，叉棘和棘的全部动作都是反射性的本能，好比我们吃面包，如果面包屑误入气管，那我们就会反射性地咳嗽。然而，让人目瞪口呆的是，尽管棘、叉棘和管足的动作如此繁复，但最终的执行却无比协调适当。

海胆皮下的神经细胞和纤维复杂交错，形成一张松散的网，海胆就是利用这张网在身体各部分之间传递信息。此外，它嘴边有神经环，吸力管足伸出的各区都有神经分枝连通。这确实可以有效地控制身体，便于采取一致行动，但严格来说并不是控制中心。

海鸥在捕捉海胆的时候，总是从低潮海藻丛里将其捞出，直飞往高处再迅速抛掉，好让它的壳破裂。砂海星则喜欢抢夺海胆的武器，利用那充满弹性的胃把它活活闷死。危险可谓无处不在，几乎没有其他动物能比海胆更易受到伤害了。它们的生存竞争幼时即开始凸显，那时海胆才针尖大小，在海上自由逍遥，沿岸那种激荡颠簸与它们无关。幼时的海胆长着多条腿，酷似颠倒的书架，而正因为这样透明柔嫩的幼体数不胜数，成为可食海尘的一部分，所以死亡率极高。戈登博士曾对海胆进行了详细的描述，例如从自由游弋幼体的若干根三指或三叉的针骨开始研究，海胆那精致的壳究竟是如何发育的。在近些年的动物学上，这算得上一个成功的研究项目。

海鸥在捕捉海胆

第二十章
刺螫动物
和海绵动物

　　水母、海葵和珊瑚虽无通俗的总名，但由于它们皮上几乎都有带刺螫性的细胞，因此也可统称为刺螫动物。动物学往往将其归为腔肠动物，因为它们的食道就是体中的空洞部分。

　　大部分刺螫动物的身体呈辐射相称状，类似圆筒。仔细观察就会发现，水母或海葵的身体可沿多条线平分成相同的两部分。而蚯蚓、甲虫或绵羊等两侧对称的动物则只有一种平分法。

　　刺螫动物大多有触手，食道底部呈堵塞状态。它们擅长生芽，常常聚集成群。于是，堆积如山的个体就此变成了珊瑚的样子。

　　这一门动物种类繁多，如水母、海葵及与其相近的珊瑚、八射珊瑚及较亲近的珊瑚，海笔、拟水螅群或植虫，等等。许多植虫利用出芽法繁殖出自由游弋、性别分明的"游泳钟"或拟水母，如淡水水螅。

海葵

　　在海岸的岩石缝隙间，海葵随处可见。随着海潮退去，它们也闭合成团，其中以黑褐色和深红色的最为常见。等到涨潮了，它们就会完全打开。在石堆水潭旁，偶尔能见到它们自由伸展的模样，一圈短短的薄皮触手环绕口外，虽没有花瓣，却如花苞般绽放。海葵非常好动，轻轻松松即可爬上攀附的岩石。与蟹、章鱼和砂海星的猎食方式不同，它们守株待兔，只等着倒霉动物主动送上门来。海葵触手上的刺螫细胞很具有杀伤力，虽然危及不了人，但小动物一旦被刺到会立马麻痹，乖乖束手就擒。那些不幸碰着海葵触手的小蟹、小虾、小鱼或小肉块，瞬间就会被捉拿并塞进海葵的口中。触手运动的方式很有趣，全是自动挥舞，就像睡着了的犬无意识地抓痒一样。可以试着拿些小石块或小纸片招惹它，它误以为是食物很快就上当了，抓得兴高采烈。但假如你总是骗它，它也不会蠢到屡屡上

海葵

钩，至少会对假食物爱答不理。相较于砂海星，海葵的构造简单多了，不过是一个不分前后左右，没有头、躯干，甚至连脑都没有的圆柱体。但它却能完成超出能力之外的任务，学习速度很快，还能保持一段时间的记忆。

退潮后，如有外来事物入侵，寻常的红海葵就会立刻闭合成一块无定形的胶冻状的肉。它的诸多近亲亦是如此，除了英国西南两岸的一种海葵。这种暗褐色的海葵也很常见，它的触手不仅细长而且数量极多，有时候还呈深黄、灰或绿而带红尖的颜色。即便你不小心惹到它，它也懒得收回触手。在好几个地方，它和一种奇怪的长腿蜘蛛蟹结盟为伴。后者与普通滨蟹迥异，三角形的身体差不多有半便士铜币那么大。虽然爪力一般，但腿又细又长，从腿尖到足尖就有4~6英寸长。一般人都认为，既然蜘蛛蟹的腿这么长，爬行速度必然很快，但其实它行动迟缓惯了，每挪动一步都要花费很长时间。它总是缓缓地抬起腿，稍往前倾，停下来歇一会儿，再思索着如何进行下一步动作。

蜘蛛蟹常用碎海藻装饰自己，像它的那几位亲戚一样，这么做是为了掩盖行迹，避免被其他动物发现。有时候，它还会机敏地潜伏在海葵那蛇

225

长腿蜘蛛蟹

状的长触手的阴影下，获取海葵的保护以躲避敌人，但奇怪的是，海葵对这个不速之客似乎并没有猎取之心。

如果有一小片肉刚巧落在了水潭底，海葵又恰好触及不到，那么蜘蛛蟹就会跳出来，爬到不远处去找这些被鱼、蟹或龙虾不慎遗弃的小碎片。获得"赃物"的蜘蛛蟹暂时不会动嘴，为了安全起见，它会将肉片拖回海葵触手的阴影下。此时的海葵就不客气了，伸过触手直接一扫一抓，拉走就开吃起来。莫名其妙的蜘蛛蟹四处张望，只怪自己把持不稳，于是只能再出去寻找。过了几小时，海葵酒足饭饱，便把肉片上的最后一层白薄膜挤了出来。可怜的蜘蛛蟹见海葵吐出点渣滓，就急忙去找。通过坚持不懈的寻找，它终于找着了被海葵丢弃的白膜，大喜过望，一口吞了下去。

水母

我们很难找寻到比水母更优美多姿的海滨动物了。为了深入领略它的美丽，须从其优雅柔美的游泳姿态看起。只见它那圆饼状的身体有节奏地飘荡，后面拖着触手和起皱边的唇片，轻盈柔美、娇俏多姿，相互交错落，显得无比美好。蓝、堇、红和橙等各式各样半透明的水母在阳光的映射下显得绚丽耀眼。水母如若搁浅在沙岸上，便会黯然失色，博物馆里保存的就更别提了。"Medusae"是水母的英文名，该词原指蛇状的发辫，那些悬着的零碎条带不禁让人联想起面目狰狞的蛇发女魔。但这一描述与实际相差太远，毕竟水母确实美得难以言说。

水母大多生活在海面上，只有几种深入海洋居住在海底的深沟里，还有些甚至在浅水底部附近活动。东印度群岛港湾时常可见一种颇为奇特的水母——仙后水母。它背靠着海底静静躺着，一动不动，这种姿势往往能维持数小时甚至数天。其钟状体坚韧无比，部分种类的钟状体带有吸器状的涡，与地面相接触。钟状体

水母

凹面无口，向上仰着，仅有些细孔长在8片或超过8片分支的起皱边的唇上。带绿色或红色的唇看起来与海藻无异，但这种类似是否有用处还很难说。

海月水母是英国最常见到的水母，呈蓝堇色，大者宛如汤盘，但相较于其他水母，体形就显得小多了。譬如，一种带琥珀色的霞水母，聚集成团甚至能把近岸浅水套在桩上捕鲑用的网给撞断。这种水母直径3英尺，其触手在几码开外远远披拂着，海中浴客须对此小心防备，那携带着几万条刺螯的触手不可小觑，轻易就能将人的皮肤戳穿。还有一种呈蓝色的菊水母，同样柔美多姿，它可能就是琥珀色霞水母的变色种，只是体形比后者大。另一变种——居住在北冰洋的北极霞水母，算得上世界上最长的无脊椎动物了。据测量，其圆盘直径有7.5英尺，触手则长达120英尺！如此庞大的动物只能在外海生活，因为只有外海的水力才足以浮起它那巨大的

身体，且不会受其他物体阻碍。当这个硕大的水母摆动触手时，很容易被人看成海蛇。

水母是食荤动物，尤其依赖外海那取用不竭的小甲壳动物。它们也会以漂浮的鱼卵和幼鱼为食，其中大部分甚至还会食用较小的水母或拟水母。水母和拟水母并非亲戚。它们的食物极为充足，比如前面所述的无口水母，即根口水母，嗜食小生物。但最不可思议的是最大的水母全生活在冰海，原来离赤道越远的地方海面小动物反倒越多，所以它们可以在冰海里慢慢悠悠地生活，几代同堂。英国北岸渔业发达的原因也在此，那里的外海小生物数不胜数。

如果我们试着让水母饿一段时间，就会发现它竟然会摄取自体胶质以换取4～6周的存活时间。虽然胶的构成物以水为主，但也不乏一些与软骨素、角素近似的有机物质，而光凭这点有机物就能救命。当然，持续下去必然会减轻体重，且速度具有一定的规律性，即每日所失的重量与每日最初水母的重量成比例减少，余下的胶越少，命便延得越长。

水母捕捉猎物完全依赖于触手和唇上不计其数的刺螯细胞，刺螯细胞一受刺激，就会立即爆发式地射出飞索，穿透猎物的皮肤。"刺线"其实既有抓取又有麻痹作用。专家解释称这种毒就是蚁酸。但从实际效果来看，似乎比蚁酸还要神奇。有件匪夷所思的事，水母能毫不费力地螯死大鱼，却对较小的鱼无能为力。这些小动物在水母的伞体下自由游弋，像幼鳕躲在琥珀色霞水母羽翼下，出没于触手间，竹荚鱼还会成群地躲藏在根口水母底下，充当忠实伴侣。一些心怀不轨的小鱼总是游来偷咬水母身上的小碎块，却不幸自投罗网。有时候，水母的螯如狂风骤雨般猛烈，灯水母科更由此得名"海黄蜂"。它们都是游泳健将，即便面对那些远大过其胃承载量的鱼，它们也会勇敢地前去捉拿。

在英国，除了比比皆是的海月水母、琥珀色的菊水母和蓝菊水母，带黄色或蓝色的根口水母也很常见，这种水母直径1.5～2英尺，小的异脚亚目甲壳动物和鱼常常躲藏在下面。此外，还有一种易于辨认的罗盘水母。它们颜色大小各异，主要以红褐色为主。之所以取个这么有趣的名字，主要是因为它身上有16条辐射线从圆盘中心射出，近半途时再分裂成32条。罗盘水母与普通水母不同，前者身兼雌雄两性，幼时为雄，至长大时又为雌，后者则是雌雄异体，这的确非常离奇。

水母的受精卵往往暂时藏在皱边的唇的凹陷里，待其孵化成可游来游去的有纤毛的胚，就会转而安居在石上变成水螅。在横向生芽法的助力下，水螅很快长成一串串小碟体，一个挨一个落入水中，继而变成一只只真正的水母。这就是水母世代交替的生命史。

水母的泳姿优美，随着伞体的不断抽缩和弯曲，一股股的水被挤了出来。

据迈尔博士描述，水母身体边缘有一些针头大的小感官，它们排出草酸钠这种废物，与海水里的氧化钙一起沉淀出草酸钙，释放氯化钠（食盐）。

我们都知道，氯化钠有着强大的刺激力，尤其对神经细胞，钟体下面的肌肉因此而收缩。水母的感官也非常奇妙，我们在海月水母边上的8个凹陷里就能清楚地看到这些感官。感官虽然小到只有一个点，但却善感光波、善感水中化学刺激和善感平衡。如若感官不小心受伤，那么水母便失去了方向，无法按照既定路线游泳。

珊瑚总论

一谈到美丽程度，珊瑚是当仁不让的佼佼者。可是作为动物，它们几乎没什么行为。也因此，很难让人相信它们保持着清醒，似乎总在那里做着春秋大梦，连那超凡脱俗的美丽也像极了睡梦中的笑容。坚定不移的动物貌似都存在条件上的矛盾。驻守意味着放弃天赋的移行权。幼时的珊瑚孜孜不倦地想行使这一权利，但其实驻守不动也不妨碍它绽放美丽。珊瑚的建筑物，以及拿来做建筑材料用的石或针骨都极为绚丽。活珊瑚往往色彩斑斓，有些聚集在一起，有些分成枝状，美不胜收。

我曾受托对一个海葵进行鉴定。这个海葵是萨斯远征队从北大西洋约3英里的深处挖来的，像极了孤独无依的杯珊瑚。我们将它褐色的肉褪去，美丽的形状就露出来了。它比鸡卵杯略小，宛如一个向里凹进去的王冠，纯白的颜色却闪耀着炫目的光彩，完全可以当作仙女用的蔷薇花盏。我小心翼翼地把它珍藏在珍宝匣里，每逢佳节便取出观赏一番，可却忘了给它命名，最后与名牌一起送

珊瑚

回了挪威。

众所周知，海葵是圆柱形的软体动物，与杯珊瑚是近亲关系。海葵的触手环绕于口外，底盘依附在石上，杯珊瑚的皮则结成一层石灰质的壳。随着杯缘在新增物质的堆积下慢慢变高，杯珊瑚的皮很可能将越过杯缘转往杯里长，从杯壁向杯心辐射，变成内方石灰质隔层，抑或连接成柱。隔层渐渐升高后，就会挤入珊瑚水螅的身体，肉质组织随之败退。因此，外形各异的珊瑚骨骼总是长在活珊瑚的外面，也许看起来不像，但却没有生命。与之相反，人类的骨骼是有生命力的，而且长在肌肉里面。珊瑚骨骼不会自行生长，但能扩张，细胞将石灰供给到总间架上后便会死去。石灰的来源自然是海里，然而溶解在海水里的碳酸钙非常少。海栖动物只能构成碳酸亚类物质，然后其与碳酸钙在双分解的作用下生出硫酸亚类物质，最后溶于海水后再生成碳酸钙，珊瑚礁就是这样造出来的。不过，这一理论还尚待探讨明确。

从杯珊瑚到石珊瑚，一个形单影只，一个抱团合群，二者之间的转变是层层上升的。石珊瑚聚族而居，通过水螅出芽继而分裂、繁殖，个体在集群状态下结合为一体。有一种脑珊瑚，取名源于所带襞纹形似哺乳动物的脑。将其骨骼洗刷干净后，上面某个个体与其他个体的衔接处居然难以辨认。我们在观察活珊瑚之时，只需计算它们的嘴和外绕触手即可得出个体数量。有时候，珊瑚群可分裂为诸多枝，形如树枝，看起来美观大方。神奇的是，各个枝节上不同世代的个体均欣欣向荣。不过，我们见到的大部分情况，都是后代压在前代肩上致使珊瑚群里坟茔比比皆是。石珊瑚偷来海里的石灰大兴土木，造出许多礁来，竟然为地球平添出好些陆地，比如澳洲大堡礁就有1000多英里长。

黑珊瑚，也称为角珊瑚，稍次于石珊瑚，但与之迥然不同。它们大

多生活在温暖的海域，但在法罗群岛外偏北的海中。不少英国渔夫坚称拽上来的只是植物而已，对此我深表理解，毕竟有一些真是像极了盆景矮树，还有些酷似忍冬等攀缘植物的茎。然而定睛一看，便会发现里面挤满了有六条简单触手的小水螅。小水螅纷纷环绕在黑色的角质主轴上，宛如一条长荆棘。年龄大的珊瑚群，其轴粗于人的拇指，硬度和乌木不相上下。经琢磨的珊瑚群光泽鲜艳耀眼，只是不易雕刻，较为遗憾。

珊瑚珠和珊瑚配件的原料一般是地中海和日本邻海的宝珊瑚，又名赤珊瑚，通过雕刻而成。此种珊瑚水螅通身白色，埋于红肉里。珊瑚红色的轴位于珊瑚群中央，在外物的增添下越长越大。之后，可能是石灰质的急速溶解使其骤然变硬，最终形成。红肉里布满了密密麻麻的运通管，专门用来运送水螅，而肉呈红色主要是因为其中潜藏了成千上万细小而美丽的红针骨。这些原本各自独立的针骨不知为何竟合长到了一起，还肩负起了中央轴的重担。管珊瑚的构成也同样经历了这样复杂而难以理解的过程。我们常常将它那鲜艳绚丽的细管串成颈圈给小孩佩戴。

赤珊瑚和管珊瑚等总称八出珊瑚目，近亲不外乎是海扇（石帆）、海笔、腐指珊瑚和鲜见的苍珊瑚。苍珊瑚科年代久远，如今仅余一种。还有大量化为化石的古老的四射珊瑚，现在也已全部灭绝。一个种族的兴起总伴随着其他种族的衰亡。赫拉克利特曾说"万事万物都处于流动的状态"，珊瑚也不例外。

叙述了这么多，归根结底是在说"珊瑚"不过是一个生理学名词，一种生活习惯罢了。石珊瑚、角珊瑚、八出珊瑚等现存动物统称为这一名词，但事实证明，它们的关系并没有多亲近。"珊瑚"就是指固定不动的刺螫动物，它们善于以石灰为原料制造坚硬的骨骼。此外，千孔虫目和竹星虫目也应算其中一员。它们是水螅植虫，另成一纲。想象一下，小拟水母从一个石质的千孔虫上长出来，这种世代交替的情景是多么妙不可言，就像普通的植虫一样。当然，这是我们另外要讲的故事了。

淡水水螅

喜爱观察池沼生物的人对淡水水螅应该都不陌生。这些小动物散布在清澈的水塘里，静静地依附在水栖植物上生活。从外观看，它们长0.25～0.5英寸，形似细细的小针管，颜色多样，有绿色、褐色和灰色。水螅嘴旁有6～10条空触手环绕，聚集成冠状。附着在水草上时，它们的头低垂着，伏于浮萍的小绿芽下。

浮萍是英产第二小显花植物，几乎没人见过它开花。淡水水螅像水蚤一样用触手刺螫捕获小动物，其触手可延伸至自体的三四倍，但只要有水搅动，触手会立刻反射性地缩成小球，它自己也会识时务地默默退缩到水草一旁，化为隐形物。显然，绿色的水螅远比褐色种或灰色种易隐藏。我们可以试着把浮萍置于扁平的玻璃器皿里，再将淡水水螅放进去，就

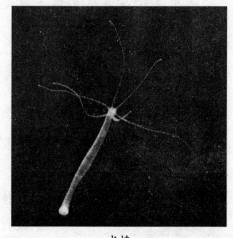

水螅

233

会发现它们一直占据着最光亮之处。要想证明它们具有从容器一边移动到另一边的能力并不费力。如果一切顺利，它们就会牢牢地驻扎在容器一角，一动不动。在水中，它们自由自在地漂荡着，生活简单快乐，时而伸缩下线状的触手，有趣极了。

显微镜的出现大大推动了动物学史的发展，研究家们也纷纷废寝忘食地忙碌起来。淡水水螅随之被人发现。当时，不仅有人出乎预料地探究到昆虫等小动物的奇妙结构，诸多新物种也陆续冒头，淡水水螅就是其中之一。

安东尼·列文虎克（1632～1723），荷兰微生物学家、商人，他不断改进透镜的放大倍数，终于利用它们首次观察到了细菌和原生动物，为微生物学和显微镜学打下了坚实的基础。

1702年，在伦敦皇家学会，大观察家列文虎克最先对其形态进行了详细的讲述。他首先谈了细菌，接着亲自用显微镜窥探酵母菌。这次描述非常有趣，在显微镜的帮助下，他发现淡水水螅的触手竟有好几英寸长，以及淡水水螅在生芽后即自行漂走。后面这个发现很是重要。此外，一种小寄生滴虫喜欢在淡水水螅上游走，就像我们目前所看到的，淡水水螅必然已经习以为常，懒得再伸出触手去抓捕这个不速之客。

最先发现淡水水螅的是莱因，但论起真正的发现者非特伦布莱莫属，《淡水水螅生活史的研究录》这部动人心弦的书就是特伦布莱写的。

指客居他国的贵族、官僚。

特伦布莱是日内瓦人，1740年他曾教授过海牙英国寓公本廷克的两个儿子。本廷克住在索格威力特的乡间，距离海牙1英里。于是，特伦布莱闲来无事常去池塘捕捉水生昆虫，由此发现了淡水水螅。一开始，他以为这不过是种水栖植物，花能摆动而已。根据他已有的经验，某些植物确实具有感觉，也许这种也是如此。后来，他又观察了一段时间，惊奇地发现这个"不明物体"竟在玻璃皿里移动，看来应该是动物。他随即将一个淡水水螅切成两段，后段接着就长出了新体，于是他判断应该是植物无疑了。一次，他偶然看到淡水水螅在吞食小水蚤，又判断为动物。后面再次看见淡水水螅出芽，又归为植物。但淡水水螅颜色多样，既有绿色也有褐色，令他困惑不已。当他发现淡水水螅居然产下了一个卵细胞或卵子，就更加无所适从了。难道真有所谓的跨界生物？动植物同体？特伦布莱完全无法判断，于是他决定带着标本去请教物理学兼博物学家列文虎克。列文虎克迅速表示，这就是动物，并命名为水螅。

微型的淡水水螅都具备重生的技能，斩掉一头又可再生。如果我们将它分割成好几块，那么每一块都能分别再次生长，成为另一个完整的淡水水螅。当然，前提是大小合适，而且至少每块都具备所有类型的细胞，也就是说，质和量缺一不可。

植物和动物之间的差别，我们已非常了解，远甚于从前，因此特伦布莱所面临的疑惑我们轻易就能解释。淡水水螅和普通动物一样进食，具有动物的细胞，发育过程也与动物相似，总之它属于刺螯动物或腔肠动物门，植虫、游泳虫、海葵和水母等也都归为这一门。但淡水水螅等门内少数动物都早已离开大海转而移居淡水。目前大多观点都认为绿色淡

235

水水螅里层枷细胞里的小绿色颗粒是水藻，它们与水螅相依相伴，通过释放氧、构成碳水化合物以保证水螅的存活。若将绿水螅置于阴暗处产卵，待其孵成水螅就成了白色。对此可知，相伴的水藻失去了阳光就会果断离开卵。

　　淡水水螅那攻击力强大的刺螫细胞能轻易戳到小动物，并将其麻痹，对此特伦布莱并不知情。但他看见鱼和鼓虫科在咬了淡水水螅一口之后随即吐了出来。据他描述，一种叫作水蚤的小甲壳动物是淡水水螅的最爱，小蠕虫和昆虫幼虫也很对它的胃口。淡水水螅的移行法很简单，就是利用身体前端和后端轮流黏附，曲着身子往前挪动。淡水水螅在他的画里，就是依靠一只触手悬挂在水面的膜下。他称自己做了一个无比巧妙的手术，并深以此为荣。他把一只淡水水螅分割成四纵条，每一条又独自发育成了一只完全的淡水水螅。鉴于此，他称得上是始创动物截补术的一位鼻祖。在他的种种试验下，那些割裂的部分再次愈合后就变成了奇形怪状的动物，譬如有七个头的淡水水螅。他所著书上的一幅小插图显示，他正将一条刚毛往淡水水螅的基部里面推，直到从口里翻出来。在如此凶狠残暴手术的虐待下，淡水水螅居然并没有死。这又该做何解释呢？后来，根据好几位博物学家的后续观察，才发现原来淡水水螅在被翻转之后又会悄悄地自行恢复。如果用刚毛限制其自行翻转，那么由外翻里的一层逐渐退化，新的一层将从口部长出来，覆盖其上。各层依旧维持原有的特征，而不是彻底变化。

对于把淡水水螅分割成好几条这一试验，或许让人无法接受，显得太过凶残。但实际上，淡水水螅的神经系统远没有我们想象中敏感，简单至极，即便遭受割裂也毫无痛苦可言。它最多有些外表感觉细胞和网状的神经结细胞群相连，其间夹杂着些细纤维。假设我们觉得特伦布莱的淡水水螅能感觉到快乐，那么将它变成四条完完整整的淡水水螅不就是在成倍增加愉悦感？

淡水水螅是非常有趣的动物。它的消化作用分为细胞内和细胞外两种。只要环境尚可，温度合适，食料充足，它就会毫无保留地生芽。生够了它再释放产卵，一次一个，有条不紊。有时候它也会自体授精给卵，促使卵发育成熟。

习性简单又极善重生的淡水水螅，看起来应该很长寿。即便受到外在的损伤，它也来得及补救一番，变老似乎并不存在。然而事实恰恰相反。在人造水池里，我观察到，淡水水螅一到某个时间就会消沉，没来由地堕落变懒，什么也不吃，只是缩着身体和触手，僵卧在那儿一动不动。就这样，它缩成圆团或卵形团伏卧在器底。两三周过后，它们又神奇地活动起来，寿命也随之延长。消沉一次，紧接着复活一次，周而复始，循环往复。然而，躯壳虽未灭失，消沉却日渐严重，死依旧是它最终的归宿。被人类捕捉的淡水水螅寿命不会超过两年，若在大自然中自行生长，或许还能再延长一些。我也很好奇，难道淡水水螅不免一死？它能不能像变形虫等单细胞动物一样让大自然网开一面？当然了，意外死亡始终是逃不掉的。

海绵

海绵

乍一看，海绵与动物毫无瓜葛，也难怪被早期的博物学家当成植物。它们总是固定不动，就算是在吃东西也极难分辨，再加之有生芽、分枝的特点，说它们是植虫也毫不为过。1686年，格鲁博士称它们为"一半植物"，也就是带髓的那部分。百年后，很多人可能因为看到蠕虫常钻进内部而把海绵当作蠕虫的窝。杰拉德写作的《本草》将海绵、海藻、蘑菇的图并列放在一起。他在书中写道：

离大海不远处的岩石上，海水的泡沫形成了一种物质，在此我们称之为海绵。它的用途众所周知，我即便再做阐述也无益于读者。

他就这样避重就轻，躲开了难题。而比这更神奇的，是亚里士多德竟能将海绵判定为类似于植物的动物，可见他多么清醒冷静。

1765年，英国博物学家埃利斯称"海绵具备吸水、喷水的能力"，拥有真正的生命力。然而，苏格兰博物学家格兰特第一个发现了海绵的重要特征，他亲眼所见，海水细微的颗粒隐入了海绵的小孔内，继而通过大的吐孔流出来。1835年左右，他在显微镜下的圆玻璃上放了一个活海绵，并想办法从海水里反射过来一点烛光。对此，他说：

> 我生平从未看见如此奇妙的景象。它简直就是一个活喷泉，从圆孔里吐出一股势头极其猛烈的液体，连续不断地往外扔不透明的团块，散至四周。

格兰特博士秉持着研究透彻的钻研精神，画出了海水流进流出的所有过程，非常生动逼真。即便到现在，相关的动物学书籍依然不断转载。他猜想，海绵往前流动必然离不开纤毛辅助击水。他的设想是正确的，但纤毛究竟在哪里他也未能找到。

现在若有人问为什么不将海绵归为植物，研究动物学的人会这样回答：

> 水流进海绵体内时，它也会吃随之流入的固态颗粒；
> 它们的细胞没有纤维质的外层，与植物的细胞大不一样；
> 它们像其他海柄动物一样，幼时能自由游弋。

把活的生物体比作一座城市似乎好过将其比作一架机器。城市里的商务、行政等处所相当于生物的器官，一栋栋造型相同的房屋或店家排列成街。如果比作组织，那么房屋或店铺就是细胞，而居民就可以看成细胞商店里彼此合作的生活单位。试着将普通动物看作城市，海绵就与依赖运河的威尼斯有着异曲同工之妙了。担负生命通道的运河负责输入粮食，提供新鲜物质的同时去除肮脏污秽，而且还连接身体或城市的各个部分，使其彼此呼应、互相配合。

　　至于格兰特所提出的问题——海水如何进出自如，现在我们可以这样回答了。海绵体内水道上不乏孔武有力的内部细胞，它们不断挥动着水鞭。吐口涌出的水有时候来势凶猛，1英尺以外的水面都能受到波及。如果我们在火山口状的吐口插一支玻璃管，就可以清晰地看到海绵使起劲来不可小觑，水往往会冲得很高。

　　通过这件事我们可以从中得到教训，那就是结论永远不要下得太早。海绵乍看起来笨头笨脑，但实际上很有一套。它夜以继日地鞭打着海水使其流过体内，这可是一个颇费心力的大工程。为了延续生命，它不得不持续不断地从水里捡拾微细生物和颗粒食用，摄取水中的氧辅助燃烧。它不是无所事事，而是运筹帷幄。

　　在生物界中，海绵是一个很奇特的存在。它们最早获得躯体，即使没有所谓的器官，却具备组织，特别是肌肉组织。如果有爱管闲事的蠕虫爬过来骚扰，把头伸进海绵的吐口，它会立刻缩小吐口，但不会完全闭合。此时我们明显可以看见一圈肌肉细胞已然收缩，可事实上海绵并没有神经细胞，真是匪夷所思。作为最低等的多细胞动物，海绵实施分工制。和一般动物不同，它们的肌肉细胞不受神经细胞控制，只要遭受外来刺激，就会反射性地活动。因此，一受刺激，海绵的收缩细胞就会自行动起来。

　　被切碎了的海绵每一块都能继续存活，在这一点上它远没有其他动物复杂。在种海绵时，有些人总是将它们一块块地铺设成苗床，像马铃薯那样。海绵的生命力之顽强超乎想象。如果将碾碎的海绵从纱上筛滤出细末，只需环境适当，那么这些细末依然能充分连接长成一个完整的小海绵。由此看来，它们的分工也没有多高级。

　　没有比海绵骨骼与人类关系更为密切的骨骼了。浴用海绵由纤维缠绕而成，韧劲十足却很柔软。看起来像角质的，内里其实与丝质更为接近。海绵里的海绵基富含碘，内部的活细胞生出纤维，专门用来支撑柔软组织。渔人把海绵捞取上来后，先将其彻底暴露于空气中，待软肉慢慢腐烂，再放到流水里践踏以剔除干净细胞。这样的清洗须小心翼翼，之后就等着晒干用了。家用的海绵如果发出恶臭或产生胶性，那么必然是有细菌躲藏在纤维深处，变成了胶质团。此时只能用热水和消毒剂浸泡并再次清洗，等干透再行使用。

提起海绵，我们往往会联想起浴用海绵的骨骼。海绵属种类颇多，浴用海绵归为此类，袋海绵等种属则生长在海岸。有一种馒屑海绵，体外布满了火山喷口状的吐口，它们常覆盖在石面上变成坚固的外层。手套海绵、大的杯海绵以及球状的海苹果等总是附着于离岸较远处，风浪时不时将它们卷上岸。浪漫的偕老同穴海绵的骨骼带燧石质，构造小巧玲珑、晶莹剔透，像仙人的钟楼一般精致美观。

海绵尚存活的时候，外层有细胞包裹，因而看不到它的骨骼。也许其中亦含有燧石质，或者石灰质，或者海绵基（像浴用海绵），或者海绵基和燧石质兼具。很多英国海绵都有海绵基骨骼，且体形不小，但还是无法替换浴用海绵，因为它们的海绵基里夹有好几万支燧石质的针骨，根本无法用于人的身体。海绵体内有了这些做内部支架用的针骨，可以很好地自

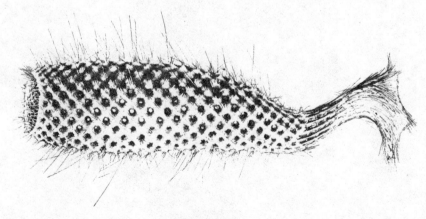

偕老同穴海绵

卫，几乎没有动物敢随便吃它们，但可能会钻进去小住一会儿。此外，许多海绵自身带有极其刺鼻的气味，可以轻易地逼走来犯者。

　　和大部分动物一样，海绵也会与其他生物彼此联结。譬如寄居蟹皮海绵，浑身呈鲜橙色，就长在寄居蟹借住的峨螺壳上。有了这层保护，壳就安全多了。还有普通沙蟹等，总是将一块块海绵粘在自己的背壳、腿上，掩饰着自己的野心，好不声不响地攫食。一些海绵体内潜藏着不计其数的细小水藻，二者共栖一处，彼此扶持。各科海绵基本上都以海为家，它们本就产自海里，除了已迁移到淡水的淡水海绵科。后者全身长满了纤细的藻，因此有时候看起来完全是绿色的。有种乌贼，喜欢在燧石质的海绵体上的孔里产卵，真是离奇。还有一种叫作神女海绵的小钻穴海绵，竟然能穿透厚厚的牡蛎壳，将双壳贝碾成细粉，不可思议极了。简而言之，海绵代表着演化过程中的绝路。它们种类繁多，有数百种，虽身处低位，却也错综复杂。它们大多绚丽美观，但不会演化变为其他物种。也许是因为幼海绵游不了多久就停下来，黏附在别的物体上从此固定不动，这样也就失去了进步的空间。也许是因为它们没有神经细胞，所以谈不上什么作为。

第二十一章
最简单的动物

世界上有比珊瑚和海绵还要简单的动物——微小的单细胞，它们都是没有现实躯壳的生活质单位。几种单细胞动物和白垩纪的有孔虫目很类似，习惯于爬行在浅水中的海草上，有着雅致美观的石灰质壳。滴虫依靠身体上纤毛和鞭毛的推进，从而在水中自由灵活地游弋。其中一种夜光虫仅有针头大小，夏日的晚上常闪现着耀眼的磷光。船上打桨时，一些光亮的水点会从桨上滴落；船在缓行时，试着把手浸在水里随船拖拽，星星点点的夜光虫就会纷纷聚来缠绕于手指间。除了海岸边的水潭，浩瀚无垠的海洋也是千千万万滴虫的家。它们在此滋补着小甲壳动物，而后者又成了鲱鱼和鲭鱼的美味午餐。

变形虫

变形虫，一方面是淡水中最不起眼的寻常动物，另一方面也最不为人类熟知。之所以对它陌生，主要是因为我们无法用肉眼看见。严格意义上说，变形虫不应单独提出，毕竟其种类难以计数，正如蚯蚓也有诸多种类一样。变形虫大多栖居于淡水中，喜爱在泥土、石子和水草上爬行，只有少部分生活在湿土里或寄生于人类和其他动物体内。粗略估计，变形虫约有60个种类，可有时候却可以将范围缩小到仅仅4种。总而言之，精确的数字位于这二者之间。为了鉴别变形虫各种类的区别，需要仔细观察其细微处。但它们的变异性和高等动物根本无法同日而语，环境施加给它们的影响微乎其微，也因此它们不会进行浩浩荡荡的迁移。

我们总是很羡慕那些发现了特殊新物种的博物学家，因为像霍加狓、柶蚕、文昌鱼、水螅、鸭嘴兽等物种，都让人兴味盎然。特别是罗色霍夫在1755年发现了变形虫，对此我们就更加钦佩了。他把变形虫称作"小盲蜈"，不仅详细解释了这种生物的特点，还亲自检验那手指形的突起部是如何伸缩自如的，以及探究身体外部变化同内部液体流动之间的关系。不可否认，这项观察至关重要。变形虫算得上一个完全的紧缩型动物，其直径仅0.01英寸，总在一定范围内

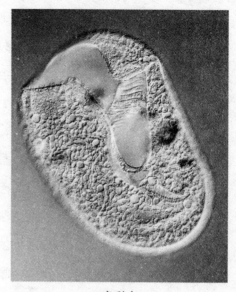

变形虫

变换体形，通过滑行移动，尤为与众不同。吞食俘虏时，它总是将猎物围在两个一凸一凹的指形物间（亦可不恰当地称为"伪足"）。若遇上干燥

霍加狓

的环境或逆境时，它就会迅速收缩凸出部，使自己变为圆形，并分泌出一种可护佑自己的胞囊，久久地伏卧其中一动不动。等环境转危为安，它才会谨慎离开胞囊，重启新生活。

在一般人眼里，变形虫既无形状也无结构，虽真正具有生命力，但是一种原始的生物。事实上，变形虫是具备形状的，只是变幻莫测罢了。它的内部组织同样不简单，虽然好几百万年前就有了世系，但不能就此将其判定为最初的生物之一，因为生物演化史早在它之前就开始了。

变形虫的乳状物质里藏有一核。核内是一个微小的世界；核外分布着有生命的物质和环绕在外的无生命的部分，有粒子和小滴，有事先贮藏的物质，也有废料。而食物颗粒周围排布了水泡，两个排泄泡或伸缩泡能如心脏一样不断扩张、收缩，将生活物质里的液态废物及余下的水分排出体外。它们偶尔也会罢工，突然间破裂消失，但过几秒钟又会在原处重现。变形虫内部靠外侧的物质较内部要凝固而透明。若用高倍显微镜查看，就会发现边上呈现明显的细放射线状，就像条纹肌肉纤维上的横纹一样。

变形虫还有一个名字——多侧动物，因为它能全方位地吞食食物，能往各个方向收缩，各部位均能感受到外力，可巧妙躲避刺激性的化学药品，能向有食料的地方以及所有可去的地方爬。若独自待在水中，它便会大胆地伸出那纤细的突出部四处探寻固态物。变形虫和大象一样具备行动、感觉、消化、呼吸及排泄的能力，对此我们感知得到，但也清楚这些能力全发生在0.01英寸的狭小范围内，这尤其要引起我们的注意。如此小的体积却能完成这么多工作，的确让人疑惑不解。达到这一境界，要求多细胞生物具有许多细胞。可以将变形虫和高等动物做以下类比：前者是单间，所有家务都在里面有条不紊地进行着；后者则更像一座分隔有诸多房间的大厦，厨房、餐室、休息室、洗衣处、储藏所、会客室等应有尽有。

换言之，高等动物实行分工合作制，变形虫则没什么分工可言。因此，相对来说，研究高等动物的生理学更为简便，大可以一个个功能分别研究，像距离较远的肾脏和心脏。而变形虫就不行了，所有的日常功能都必须限制在直径0.01英寸的小范围内。

生活原料充裕且吸收大于消耗之时，就是变形虫的最佳生长时期。但生长也并非没有限度，达到一定程度后它就如普通动物一样会停止生长。当变形虫长到最合适的体重时，其体内含的生活物质（原形质）恰好可以充分吸收表面的储备。它完全依赖于体表获取食料、氧和水，同时排放二氧化碳和废物，因此体积必须控制得当，若太大就会超出表面所能承载照顾的面积。如果生长超出了限度，那么它会一分为二，这是变形虫最简单直接的繁殖法。有时候，它会分裂成很多孢子一样的小单位，有时候则合二为一，总而言之，这都是生殖而非繁殖的过程。

变形虫与普通动物不同，它没有真实可见的身躯，有的只是微小的生命物质，因此从生理上而言并不需要像多细胞生物一样产生过多消耗。即便在繁殖时，也无须耗费多大体力，没有大部分动物传代的重负。凡具有身躯的动物最终都将走向自然死亡，付出相应的代价，而没有躯壳的变形虫似乎能免于一死。对这种"机体不死"的动物，我敬佩不已。用显微镜观察到的池中的变形虫，或者在黑暗背景前用肉眼见到的细小白点兴许已经存续了几百万年。无论如何，只要没有留下躯壳，我们就不能说它死亡了。

目前尚未彻底查清变形虫的活动。它们并非毫无目的地随意行动，而是具有明确的目的性。在未受到刺激时，它们像其他动物一样遵循着螺旋形运动，就像蒙着眼睛游泳的人一样，因此我们不宜认定其行动随意。如果再细细观察，就会发现变形虫游泳的速度为每分钟600微米（每秒相当于0.01毫米），像环带轮一样往前行进。这么说来，变形虫若真的早在原

始时代就有开坦克车的潜质，那真是趣味无穷了。

1920年，谢弗教授在《变形虫的运动》一书中如此描述：

> 变形虫和一些行动缓慢的简单生物一样，体内有一个可活动的外层和原形质深处的流动层，其移行能力也大多依赖于表面的张力。

还有一个非常有意思的细节，即变形虫已经显示出了最原始的行为状态。在向硅藻、纤毛虫等微小生物移动时，它会利用自己的原形质手臂将它们环绕包围起来。詹宁斯教授讲述了这样一个故事：

> 我们承认变形虫也会食用同类，现在一只大变形虫（代号A）要去捉一只小变形虫（代号a）。A努力追上并包围了a，a利用A的移动趁机逃了出来，于是A只能掉头再次去捉拿a，a又束手就擒。为了活命，a别无选择，只能再次出逃，这与表面张力现象不同，比《圣经·旧约》记载的先知约拿不幸被大鱼吞食，在腹内待了三天三夜后逃出生天还要厉害得多。最后一次，a获得了自由。

由此可见，在生命的起点，行之有效的行为都是具有明确的目的性的。而假若我们见到一只变形虫，体形大如象，跟坦克车一样地朝我们行进，我们就不会讨论它是随意行动，还是具有目的性了。